"十三五"普通高等教育本科规划教材

（第二版）

材料力学实验

主　编　梁丽杰　牟荟瑾

副主编　王　璇

编　写　张锦光

主　审　常伏德

U0260619

中国电力出版社

CHINA ELECTRIC POWER PRESS

内 容 提 要

本书为"十三五"普通高等教育本科规划教材。书中对本科院校必做的基本实验的原理、方法、步骤作了详细的阐述，知识点容易掌握，可操作性强。除基本实验外，还介绍了一些选择性实验、电测法的基本原理、数据的处理方法、各种实验设备的原理和使用、光弹性法等，对扩大学生的知识面、开阔思维、提高动手能力很有益处。书的最后编写了基础实验和电测实验自测题，题型包括选择题、简答题和计算题。这些习题能够帮助学生加深对材料力学理论知识和实验知识的理解和掌握，方便学生自我检验，同时可以为学生参加力学实验竞赛提供参考。

本书可作为本科院校相关专业的材料力学实验指导书，也可供高职高专院校相关专业师生和工程技术人员参考。

图书在版编目（CIP）数据

材料力学实验/梁丽杰，牟荟瑾主编. —2 版. —北京：中国电力出版社，2019.5（2020.1重印）
"十三五"普通高等教育本科规划教材
ISBN 978 - 7 - 5198 - 0525 - 8

Ⅰ.①材…　Ⅱ.①梁…　②牟…　Ⅲ.①材料力学－实验－高等学校－教材
Ⅳ.①TB301-33

中国版本图书馆 CIP 数据核字（2017）第 058326 号

出版发行：中国电力出版社
地　　址：北京市东城区北京站西街 19 号（邮政编码 100005）
网　　址：http://www.cepp.sgcc.com.cn
责任编辑：孙　静　（30443699@qq.com ）
责任校对：太兴华
装帧设计：赵姗姗
责任印制：钱兴根

印　　刷：北京天宇星印刷厂
版　　次：2012 年 5 月第一版　2019 年 5 月第二版
印　　次：2020 年 1 月北京第五次印刷
开　　本：787 毫米×1092 毫米　16 开本
印　　张：9.5
字　　数：233 千字
定　　价：28.00 元

前　言

　　本书是根据上一版教材在使用过程中读者的反馈意见，以及课程建设需要修订而成的。修订时保持了原书取材精练、简明流畅的风格，注意与新规范接轨。

　　本次修订的内容主要有：

　　(1) 对个别章节根据新规范进行了重新编写。如第 3 章基本实验，4.6 冲击实验等。

　　(2) 按新规范对书中的符号进行了修改。

　　(3) 增加了对新设备的介绍，如第 6.9 节 YDD-1 型多功能材料力学试验机。

　　梁丽杰承担本次修订的主要工作，牟荟瑾参与了第 1、2、5、6、7 章的修订，王璇参与了第 3、4 章的修订。

　　书稿承常伏德教授审阅，提出了很多精辟中肯的意见，使本次修订工作和最后定稿获益匪浅，深致谢意！

　　限于编者水平，书中不足之处，深望广大师生批评指正。

编　者

2019 年 3 月

第一版前言

  实验是进行科学研究的重要方法，科学史上许多重大发明是依靠科学实验而得到的，许多新理论的建立也要靠实验来验证。例如，材料力学中应力—应变的线性关系就是胡克于1668～1678年间作了一系列的弹簧实验之后建立起来的。不仅如此，实验对材料力学有着更重要的一面，因为材料力学的理论是建立在将真实材料理想化、实际构件典型化、公式推导假设化基础之上的，它的结论是否正确以及能否在工程中应用，都只有通过实验验证才能断定。在解决工程设计中的强度、刚度等问题时，首先要知道材料的力学性能和表达力学性能的材料常数，这些常数只有靠材料实验才能测定。有时实际工程中构件的几何形状和荷载都十分复杂，构件中的应力单纯靠计算难以得到正确的数据，这种情况下必须借助于实验应力分析的手段才能解决。所以，材料力学实验是学习材料力学课程不可缺少的重要环节。

  材料力学实验包括以下三个方面的内容。

  一、测定材料的力学性质

  构件设计时，需要了解所用材料的力学性质，如经常用到的材料的屈服极限、强度极限和延伸率等。这些力学性质数据是通过拉伸、压缩、扭转和冲击等实验测定的。学生通过这类实验的基本训练，可掌握材料力学性质的基本测定方法，进一步巩固有关材料力学性质的知识。

  二、验证材料力学理论

  把实际问题抽象为理想的计算模型，再根据科学的假设，推导出一般性公式，这是研究材料力学通常采用的方法。然而，这些简化和假设是否正确，理论计算公式能否在设计中应用，必须通过实验来验证。学生通过这类实验，可巩固和加深理解基本概念，学会验证理论的实验方法。

  三、实验应力分析

  工程实际中，常常会遇到一些构件的形状和荷载十分复杂的情况（如高层建筑物、机车车辆结构等）。关于它们的强度问题，单靠理论计算不易得到满意的结果。因此，近几十年来发展了实验应力分析的方法，即用实验方法解决应力分析的问题。其内容主要包括电测法、光测法等，目前已成为解决工程实际问题的有力工具。本书着重介绍目前应用较广的电测技术。

  本书由梁丽杰、杨兆海主编，冯义显担任副主编，张锦光参加编写。其中，第1、5、6章由梁丽杰编写，第2、4章和基础实验自测题由杨兆海编写，第3章由冯义显编写，第7章和电测实验自测题由张锦光编写。担任本书主审的长春工程学院常伏德教授提出了许多宝贵意见，在此表示衷心的感谢！

  由于编者水平有限，书中难免存在疏漏和不足之处，敬请读者批评指正。

编　者

2012 年 3 月

学 生 实 验 须 知

  （1）实验前必须预习实验教材中的相关内容，了解本次实验的目的、原理、实验设备和仪器的使用方法、操作规程、数据处理方法等，并按照要求写出预习报告。

  （2）按预约实验时间准时进入实验室，不得无故迟到、早退、缺席。

  （3）进入实验室后，不得高声喧哗、打闹和擅自乱动仪器设备，损坏仪器要赔偿。

  （4）保持实验室整洁，不准在机器、仪器及桌面上涂写，不准乱扔纸屑，不准随地吐痰，实验室内严禁吸烟。

  （5）实验时应严格遵守操作步骤和注意事项。实验中，若遇仪器设备发生故障，应立即向指导教师报告，及时检查，排除故障后方能继续实验。

  （6）实验过程中，若未按操作规程操作仪器，导致仪器损坏者，将按学校有关规定进行处理。

  （7）实验过程中，同组同学要分工明确，密切配合，协调一致，认真操作，仔细观察实验现象，如实测取和记录实验数据，主动锻炼独立动手能力。

  （8）实验结束后，将实验设备复原，仪器、工具清理摆正，不得将实验室的工具、仪器、材料等物品携带出实验室，将实验现场整理打扫干净，培养良好的实验习惯和文明的工作作风。

  （9）实验完毕，及时将实验数据交实验指导教师审阅，经实验指导教师审定后，方可离开实验室。

  （10）课外应及时独立地完成实验报告，并按照实验指导教师要求的时间送交实验报告。实验数据记录及其处理力求真实、准确和规范。对示意图形、关系曲线、记录表格和计算公式，力求正确、整洁和清晰。文字说明通顺，书写工整。不得臆造数据，不得抄袭他人的实验报告。对于不符合要求的实验报告，实验指导教师有权退回令其重做。

目　　录

第1章 概　述

1.1　材料力学中实验的重要性

材料力学是研究材料或者构件承载能力的科学。实验是材料力学的重要组成部分。作为材料力学的奠基人之一，伽利略最早进行材料力学实验，他提出了一个重要思想——几何相似的结构物，尺寸越大越软弱。为验证这一思想，他用简单的拉伸方法探索了材料的强度，进而借助悬臂梁的弯曲实验，研究了梁的承载能力。材料力学的基石之一是胡克定律，它是胡克先生通过弹簧的拉压实验建立起来的理论。如果没有实验，材料力学所涉及的三大问题——强度问题、刚度问题和稳定性问题便无从谈起。实验不仅是材料力学的基础，也是检验材料力学理论正确性的标准。材料力学理论是建立在真实材料理想化、实际构件典型化、公式推导假设化基础之上的，它是否正确、是否能在工程实际中应用，只有通过实验验证才能断定。此外，工程实际中的构件几何形状和承受的荷载都十分复杂，构件中的应力单纯靠计算难以得到正确的数据，因此，必须借助实验应力分析手段才能解决。

近代工业技术要求工程技术人员合理地设计各种构件和零件，开发优质材料，使之达到强度高、刚度好和重量轻等目的。这促进了材料力学的发展，相应的材料力学实验也不断地采用新技术以适应新的要求。因此，本书还适当地介绍了一些新设备、新技术和新方法。

1.2　材料力学实验的内容

材料力学实验一般包括以下四个方面的内容。

一、测定材料的力学性能

材料力学只能计算出在外荷载作用下构件内应力的大小。为了建立强度条件，必须了解材料的强度、韧度和硬度等力学性能。这些性能只能通过基本力学性能指标的测定及分析得到。另外，通过拉伸、压缩、弯曲、冲击、疲劳等实验，可以测定材料的弹性模量、强度极限、冲击韧性、疲劳极限等力学参数。这些参数是设计构件的基本依据。通过力学参数的测定、变形过程和破坏现象的观察以及断口的分析，便可了解材料的力学性能，掌握力学性能测试的基本方法。

二、验证理论公式

材料力学中的许多公式都是在简化和假设的基础上（平面假设、连续均匀假设、弹性和各向同性假设）推导出来的。例如，弹性杆件的弯曲理论就是以平面假设为基础推导出来的。用实验验证这些理论的正确性和适用范围，有助于加深对理论的认识和理解。通过这类实验的学习，学生们应对所学的书本知识有一个真实的、完整的认识，尤其可以通过理论解与实测结果的比较，对理论的适用范围及精确度建立一个正确的概念。这方面的内容有梁弯曲正应力的测试、弯扭组合变形实验和压杆稳定性实验等。

三、应力分析实验

工程中，很多实际构件的受力情况无法用材料力学公式进行计算。近年来，虽然可以用有限元等数值计算方法计算，但还是需要简化模型。同时，有限元计算结果的精确性，也需要通过实验应力分析加以验证。此外，零件设计中应力集中系数的确定、机器和建筑结构中的应力实测等，均需靠实验应力分析的方法来实现。电测法和光测法都属于实验应力分析方法。本书对电测应力分析方法作了比较详细的阐述，并简单介绍了光测应力分析方法。

四、综合性和探索性实验

与验证性实验或基础性实验不同，综合性实验着重于综合。不仅是实验技术和实验方法的综合，而且是材料力学理论与材料力学实验的有机结合，是材料力学理论在材料力学实验中的综合应用。探索性实验则更进一步，不仅要在探索中完成实验，而且要通过实验再现科学探索的一般过程，即实现"假设（假说）→理论模型→实验验证→修正假设（假说）→完善理论模型→……"的循环。

1.3 实验测量的基本概念

测量就是用一定的工具或仪器设备来确定一个未知的物理量、机械量、生物医药等参量数值的过程。测量方法可分为直接测量和间接测量。直接测量是借助于测量工具或测量仪器把被测量与同性质的标准量进行比较。例如，测量物体的质量，可以通过天平秤将砝码与被测物进行比较；有时无法将被测量与标准量直接比较，要作一些变换后才能进行，如用压力表测量容器中的压力时，必须将压力转换成压力表上指针的刻度，同时压力的标准量也被转换到压力表的刻度盘上，这样被测量与标准量都被转换成同性质的位移量（中间量），就可以进行比较了。以上两种测量方法都是直接测量。在材料力学实验中，用非电子显示力和位移的液压式和机械式万能材料试验机试验所测得的数据，就属于直接测量。但是，有许多被测量无法用简单的直接测量方法得到，这就需要用间接测量方法。间接测量是对与被测量有确定函数关系的其他物理量（即原始参数）进行直接测量，然后根据函数关系计算出被测量。例如，测量运动物体的加速度时，先将被测的加速度通过相应的传感器转变成电量（参数），并将该电量（参数）放大或转换，再送入显示器或记录仪，或送入计算机进行处理，进而得到被测的加速度，这就是间接测量。为了使测量结果得到确认，用来进行比较的标准量必须准确并得到公认，此外，所用的方法和仪器必须经过校验。在材料力学实验中，用微机控制万能材料试验机试验所测得的数据，就属于间接测量。

采用间接测量方法时，要根据测量原理设计一套测量系统。一个完整的测量系统主要包括以下三部分：

（1）传感级。传感级是系统的信息敏感部件，用来感受被测量，并将其转换成与被测量呈一定函数关系（通常是线性关系）的另一种物理量（通常为电量）。

（2）中间级。中间级是用来将传感器输出的信号转换成便于传输、显示、记录并进行放大的装置。

（3）终端级。终端级是一个显示器、记录仪或某种形式的控制器，用来显示或记录被测量的大小或输出与被测量相应的控制信号，以供应用。

以上测量系统中，信息传输大都为模拟量，其缺点是容易受到干扰，影响测量精度。目前的发展方向是将传感器信号转换成数字信息，其优点是抗干扰能力强、测量精度高、测量速度快。

1.4　实验的特点和要求

实验课不同于课堂的理论教学。第一，学生如果当场没有理解理论教学的内容，课后还可以通过自己复习教材、同学间的相互讨论、教师的答疑再去完成作业。而实验课上，学生面对陌生的仪器设备，必须在有限的时间内亲手操作，给试样加载，同时观测其变形，获取实验数据，甚至拿出实验结果。这一切离开实验条件就无法进行，因此实验课前的充分预习就显得十分重要。第二，课堂理论教学一般不存在安全问题，而实验教学就存在设备安全甚至人身安全问题，特别是材料力学实验，有时对试件所加的荷载较大，如破坏性试验、动载试验、冲击试验就存在一定的危险性。这就要求学生必须严格遵守实验规则和仪器设备的操作规程。第三，理论知识的学习一般都是个体作业，而实验时力和变形要同时测试，一般要有几个人相互配合才能很好地完成实验全过程。这就要求学生要有明确的岗位职责，在实验的每个环节都严谨、认真，并发扬分工协作的团队精神，否则就不可能得到正确的实验结果，有效地完成实验任务。

材料的强度指标，如屈服极限、强度极限、弹性模量等，虽是材料的固有属性，但往往与试样的形状、尺寸、表面加工精度、加载速度、周围环境等有关。为使实验结果能相互比较，国家标准对试样的取材、形状、尺寸、加工精度、试验的手段和方法、数据的处理等都作了统一的规定（我国国家标准的代码为 GB）。

对破坏性试验，如材料强度指标的测定，考虑到材料质地的不均匀性，应采用多根试样，然后综合评定结果，得出材料的性能指标。对非破坏性试验，构件变形量的测定，因为要借助于变形放大仪表，为减小测量系统引入的误差，一般也要多次重复，然后综合评定结果。

根据上述的实验课特点，学生应达到以下几个方面的要求：

（1）实验课前每位学生都必须明确本次实验的目的、原理和步骤，了解所使用的试验机和测量仪器的基本构造原理和操作规程，了解所测试样的材料、形状和公差要求，进行充分的预习和实验准备，并应写出预习报告。

（2）在正式开始实验之前，要检查试验机测力度盘指针是否对准零点，变形仪安装是否稳妥，试件装夹是否正确，电测仪表接线是否正确等，并拟定好相应的加载方案。对试样所能承受的最大荷载，选择适当的量程，注意其最大荷载不得超过试验机所选量程的 80%，以保证试验机有足够的灵敏度和示值精度。静载试验的加载速率应缓慢、均匀，特别是材料的仲裁试验，应严格按照相关国家标准或国际标准的规定进行。准备工作完成后，还应请指导教师检查无误后方可启动试验机。第一次加载可以不作记录（不允许重复加载的试验除外），观察试验机和变形仪是否运行正常。如果正常，再正式加载并开始记录实验数据。

（3）实验过程中应精心操作，细心观察，测量和记录各种实验现象及数据。若出现异常现象，应及时报告指导教师并作好原始记录。实验中还应提倡主动思索，发挥独立思考能力，结合所学理论知识对实验中的数据和现象进行分析，使理论与实际联系起来，把实验中获得的感性认识上升为理性知识。对实验中发现的可疑现象和数据，可以重复测试、重复观察并分析其产生的原因再决定取舍，但无论取或舍都必须保持原始记录。

（4）实验结束要及时撰写实验报告。实验报告的内容应包含：实验名称，实验日期，实验环境的温度、湿度，实验目的，原理简述，实验布置简图，使用的仪器设备的名称，实验数据的记录，数据处理的表达和实验数据的误差分析讨论，及同组实验人员的分工名单。实验数据记录及其处理力求真实、准确和规范。对示意图形、关系曲线、记录表格和计算公式，力求正确、整洁和清晰。文字说明通顺，书写工整。不得臆造数据，不得抄袭他人的实验报告。

　　整理实验结果时，应剔除明显不合理的数据。实验数据要用数学归纳法进行整理，并注意有效数字的修正。对材料常数的确定，常用增量平均值法处理，多次实验的平均值最接近真实值。数据运算的有效位数要依据机器、仪表的测量精度来确定，但一般在实验中只保留三位有效数字。实验结果的表示方法一般有表格表示法和曲线表示法。用表格表示两个或两个以上物理量之间的关系时，要使读者能一目了然地看出规律性的结果；而有时用曲线表示实验结果更具有直观性、规律性。对于物理量之间的关系，在它们互相变化的过程中，除非是转折质变的过程，否则一般都是连续的，也就是作成的曲线应连续、光滑，但实验数据点不可能都落在曲线上，这时就必须运用数据处理的方法进行曲线拟合，以真实地显示物理量之间变化的规律性。

　　（5）对试样变形的测量，一般由于弹性变形很小，需用变形仪器进行放大测量，因此应了解其构造原理、使用方法和放大倍数。在选用时，要注意使实验中最小变形值应远大于变形仪上的最小刻度值，而最大变形值则不得超过变形仪满量程的 80%。

　　以上几点是实验成功所必备的基本条件和要求，在实验全过程中都必须严格遵守。

第2章　电测法的基本原理

电测法是利用敏感元件，将构件的物理量、机械量、力学量等非电量转换成电参量的一种实验方法。电测应力应变分析方法使用的敏感元件是电阻应变片（或称电阻应变计），其原理如图 2-1 所示。将电阻应变片粘贴在被测构件的表面，当构件在外力作用下产生变形时，电阻应变片的电阻值将发生相应的变化，通过电阻应变仪将电阻的变化转化成电压变化，再换算成应变值直接显示或输出给函数记录仪记录下来，也可由计算机进行采集和处理，就可以得到被测量的应变或应力。

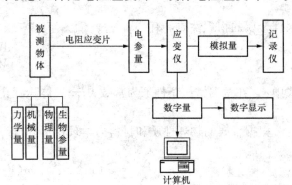

图 2-1　电测法原理图

电测法具有以下优点：

(1) 测量灵敏度和精度高，应变最小分辨率可达 10^{-6}。

(2) 测量应变的范围广，可测 $10^{-6} \sim 10^{-2}$ 的应变。

(3) 应变片的最小标距（栅长）只有 0.2mm，可以满足大应力梯度的测量要求。

(4) 能进行静、动态测量，频响范围为 $0 \sim \pm 50\text{kHz}$。

(5) 轻便灵活，适用于现场与野外等恶劣环境下测试。

(6) 能在高、低温及高压液体等特殊条件下测量。

(7) 测量输出为电信号，便于进行自动化、数字化测量。

由于电阻应变片具有上述优点，因而被广泛应用于以下各领域：

(1) 工业生产线的现场实测与监控。

(2) 新产品投产前的模型设计实验。

(3) 土木工程、航空航天、国防工业、交通运输等领域的大型结构的应力—应变测试。

(4) 运动生物力学测试，如行走步态、足底压力分布、重心轨迹、假肢参数等。

(5) 制造各种传感器，如力、位移、压力、加速度等。

电测法的不足之处是：一枚应变片只能测量构件表面一点（贴片处）沿应变片轴线方向的应变，测出的应变只能代表栅长范围内的平均应变，而且应变片不能重复使用。

2.1　敏感元件——电阻应变片的工作原理

敏感元件有不同种类，按性质可分为光敏、气敏、声敏、压敏等；按工作原理可分为电阻式、电容式、电感式、压电式、电磁式等，其中电阻式结构最简单，应用最广泛。本章主要介绍电阻式敏感元件——电阻应变片。

一、金属丝的应变效应

由物理学可知，物体的几何尺寸与电阻值有如下关系

$$R = \rho \frac{l}{A} \tag{2-1}$$

式中：l 和 A 分别代表金属丝的长度和截面面积；R 为电阻值；ρ 为金属丝的电阻率。

对式（2-1）取对数后微分可得

$$\frac{\mathrm{d}R}{R} = \frac{\mathrm{d}\rho}{\rho} + \frac{\mathrm{d}l}{l} - \frac{\mathrm{d}A}{A} \tag{2-2}$$

根据金属的物理性质，有

$$\frac{\mathrm{d}\rho}{\rho} = c \frac{\mathrm{d}V}{V} \tag{2-3}$$

式中：c 在常温常压条件下为常数；$\dfrac{\mathrm{d}V}{V}$ 为体积变化率。

根据金属的物理性质和材料力学理论可知 $\dfrac{\mathrm{d}A}{A}$、$\dfrac{\mathrm{d}\rho}{\rho}$ 也与 $\dfrac{\Delta l}{l}$ 呈线性关系，由此可得

$$\frac{\Delta R}{R} = \left[(1+2\mu) + m(1-2\mu) \right] \frac{\Delta l}{l} = K \frac{\Delta l}{l} \tag{2-4}$$

式中：μ 为金属丝材的泊松比；m 为常数，与材料种类有关。

式（2-4）反映了金属丝的电阻应变效应，即电阻值随金属丝的变形而发生改变的物理特性。电阻应变片就是利用了金属丝的这种电阻应变特性，通过粘贴在构件上的电阻应变片的电阻变化率 $\dfrac{\Delta R}{R}$ 测量出构件的应变 $\dfrac{\Delta l}{l}$，其电阻的变化与构件应变值成正比，比例系数为 K。应变通常用符号 ε 表示，该式可以写成

$$\frac{\Delta R}{R} = K\varepsilon \tag{2-5}$$

二、应变片的温度效应

温度变化时，金属丝的电阻值也随着发生变化，记作 $\left(\dfrac{\Delta R}{R} \right)_T$。该电阻变化是由两部分引起的：一部分是由电阻丝温度系数引起的

$$\left(\frac{\Delta R}{R} \right)_T' = a_T \Delta T \tag{2-6}$$

另一部分是由金属丝与构件的材料膨胀系数不同而引起的

$$\left(\frac{\Delta R}{R} \right)_T'' = K_S (\beta_2 - \beta_1) \Delta T \tag{2-7}$$

因而温度引起的电阻变化为

$$\left(\frac{\Delta R}{R} \right)_T = \left[a_T + K_S (\beta_2 - \beta_1) \right] \Delta T \tag{2-8}$$

式中：a_T 为金属箔材的电阻温度系数；β_1 为金属箔材的热膨胀系数；β_2 为构件材料的热膨胀系数；K_S 为应变片的灵敏系数。

式（2-8）说明，应变片的温度效应主要取决于敏感栅和构件材料的性能和温度变化范围。要想准确测量构件的应变，就要克服温度对电阻应变片的电阻变化的影响。一种办法是使电阻片的系数 $\left[a_T + K_S (\beta_2 - \beta_1) \right]$ 等于零，这种电阻片称为温度自补偿电阻片；另一办

法是测量应变时采取增加温度补偿片等措施，利用测量电桥的加减特性来消除温度变化对应变测量的影响。这种方法将在后面仔细阐述。

三、应变片的结构形式及主要性能指标

电阻应变片的结构如图 2-2 (a) 所示，由敏感栅、覆盖层、基底和引线等组成。敏感栅有两种制作方式：一种是由直径为 0.02～0.05mm 的康铜或镍铬等金属丝绕成栅状，其电阻片称为丝式应变片；另一种是如图 2-2 (b) 所示的用 0.003～0.01mm 厚的康铜或镍铬箔片，利用光刻技术腐蚀成栅状，其电阻片称为箔式应变片。丝式应变片多采用纸基底和纸覆盖层，且这种敏感栅不易制成小尺寸栅长，所以这种应变片标距较大、适用范围不宽、价格较低。而箔式应变片栅箔薄而宽，因而粘贴牢固、散热性好，能较好反映构件表面的变形，测量精度高，同时易于制成栅长很小或各种形状的应变片，所以在各个测量领域得到广泛应用。

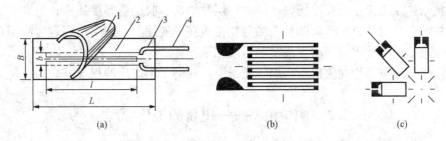

图 2-2　电阻应变片的结构

(a) 电阻应变片的结构；(b) 箔式应变片；(c) 45°应变花
1—覆盖层；2—敏感栅；3—基底；4—引线

按照敏感栅的结构形状，应变片又可分为单轴应变片和多轴应变片。单轴应变片即在一个基底上只有一个敏感栅，只能测量构件表面沿敏感栅长度方向的应变。而多轴应变片常称为应变花，是将由 2 个或 3 个以上轴线相交成一定角度的敏感栅制作在一个基底上，可测量构件表面贴片处沿几个敏感栅长度方向的应变。应变花有 90°应变花（两个敏感栅互成90°）、45°应变花 ［如图 2-2 (c) 所示，三个敏感栅互成 45°］、120°应变花（三个敏感栅互成 120°）和 60°应变花（三个敏感栅互成 60°）等几种规格。

电阻应变片的主要参数如下：

(1) 尺寸。尺寸是指应变片敏感栅的标距长度（栅长）和宽度（栅宽）。应变片栅长一般为 0.2～100mm。教学实验常用的应变片尺寸为 4mm×2mm，即敏感栅长为 4mm、宽为2mm。选用时，一定要根据被测构件情况和实验要求选择应变片尺寸。

(2) 标称电阻 R。标称电阻 R 指应变片未经安装也不受力时常温下测量的电阻值，一般有 60、120、350Ω 等几种，其中 120Ω 电阻片在电测实验中最为常用。

(3) 灵敏系数 K。应变片的电阻变化率与应变的关系如同式（2-5）所示，其中 K 即为应变片的灵敏系数。应变片的 K 值除了与敏感栅的材料、形式和尺寸有关外，还与应变片的制作工艺有关。该值由制造厂家用专门的设备抽样标定，并在成品上标明。电阻应变片的灵敏系数一般为 1.5～2.5。

(4) 绝缘电阻。绝缘电阻是指电阻应变片引出线与构件之间的电阻值。短期使用绝缘电阻应达到 50～100MΩ，长期使用绝缘电阻应保证在 500MΩ 以上。

（5）允许电流。静荷测量 25mA，动荷测量 75～100mA。如电流大，应变片温度将升高，会影响应变测量精度。

四、应变片的粘贴工艺

粘贴应变片是电测法的重要环节，粘贴工艺的好坏直接影响测量的精度，因此，必须严格按照粘贴工艺进行操作。首先，必须保证被测构件表面清洁、平整，无油污和锈迹；其次，要保证粘贴的位置准确；最后，要使用专用黏结剂，一般短时测量常使用瞬间固化胶（俗称 502 胶），长期测量则用环氧类的高温固化胶。

操作步骤如下：

（1）打磨。测量部位的表面经打磨后应平整、光滑。

（2）画线。测点处用钢针精确画出十字交叉线，以便应变片定位。

（3）清洗。一般用丙酮浸泡过的脱脂棉清洗欲粘贴部位的表面。

（4）粘贴。在应变片的背面均匀地涂上一层黏结剂，胶层要厚度适中；对准十字交叉线将电阻片粘贴在欲测部位；将聚四氟乙烯薄膜覆盖在应变片上，用手指轻轻地滚压，以便挤出气泡和多余的胶。再用同样的方法粘贴引线端子。

（5）焊线。将应变片的两根引线焊在端子上，在端子上焊出两根导线。

2.2　测量电路——电桥的工作原理

通过电阻应变片可以将试件的应变转换成应变片的电阻变化，通常这种电阻变化很小。测量电路的作用就是将电阻应变片感受到的电阻变化率 $\Delta R/R$ 变换成电压（或电流）信号，再经过放大器将信号放大、输出。

测量电路有多种，惠斯登电路是最常用的电路，如图 2-3 所示。设电桥各桥臂电阻分别为 R_1、R_2、R_3、R_4，其中任一桥臂都可以是电阻应变片。电桥的 A、C 端为输入端，接电源 E；B、D 端为输出端，输出电压为 U_{BD}。

从 ABC 半个电桥来看，A、C 间的电压为 E，流经 R_1 的电流为

$$I_1 = \frac{E}{R_1 + R_2}$$

R_1 两端的电压降为

$$U_{AB} = I_1 R_1 = \frac{R_1 E}{R_1 + R_2}$$

同理，R_3 两端的电压降为

$$U_{AD} = I_3 R_3 = \frac{R_3 E}{R_3 + R_4}$$

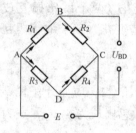

图 2-3　惠斯登电路

因此可得到电桥输出电压为

$$U_{BD} = U_{AB} - U_{AD} = \frac{R_1 E}{R_1 + R_2} - \frac{R_3 E}{R_3 + R_4} = \frac{(R_1 R_4 - R_2 R_3)E}{(R_1 + R_2)(R_3 + R_4)}$$

由上式可知，当

$$R_1 R_4 = R_2 R_3 \quad 或 \quad \frac{R_1}{R_2} = \frac{R_3}{R_4}$$

时，输出电压 U_{BD} 为零，称为电桥平衡。

设电桥的四个桥臂与粘在构件上的四枚电阻应变片连接，当构件变形时，其电阻值的变化分别为 $R_1+\Delta R_1$、$R_2+\Delta R_2$、$R_3+\Delta R_3$、$R_4+\Delta R_4$，此时电桥的输出电压为

$$U_{BD}+\Delta U_{BD}=\Big(\frac{R_1+\Delta R_1}{R_1+R_2+\Delta R_1+\Delta R_2}-\frac{R_4+\Delta R_4}{R_3+R_4+\Delta R_3+\Delta R_4}\Big)E$$

经整理、简化并略去高阶小量，可得电桥电压变化量为

$$\Delta U_{BD}=\frac{E}{4}\Big(\frac{\Delta R_1}{R_1}-\frac{\Delta R_2}{R_2}+\frac{\Delta R_3}{R_3}-\frac{\Delta R_4}{R_4}\Big)$$

该式表明，电桥输出电压的变化量 ΔU_{BD} 与四个桥臂的电阻变化率呈线性关系。需要注意的是，该式成立的必要条件是：

（1）小应变，$\Delta R/R\ll 1$；

（2）等桥臂，$R_1=R_2=R_3=R_4$。

当四片电阻片的灵敏系数 K_S 相等时，上式又可写作

$$\Delta U_{BD}=\frac{EK_S}{4}(\varepsilon_1-\varepsilon_2+\varepsilon_3-\varepsilon_4)$$

式中：ε_1、ε_2、ε_3、ε_4 分别代表电阻片 R_1、R_2、R_3、R_4 感应的应变值。

上式表明，电压变化量 ΔU_{BD} 与四个桥臂电阻片对应的应变值 ε_1、ε_2、ε_3、ε_4 呈线性关系。应当注意，式中的 ε 是代数值，其符号由变形的方向决定。通常拉应变为正，压应变为负。根据 ΔU_{BD} 计算式可以看出，相邻两桥臂的 ε 符号一致时，两应变相抵消；符号相反时，则两应变绝对值相加。而相对两桥臂的 ε 符号一致时，其绝对值相加，否则两者相互抵消。显然，若不同符号的应变按不同的顺序组桥，会产生不同的测量效果。利用组桥方式不同，可以提高测量的灵敏度并减小误差。

一、组桥方式

（1）单臂测量：电桥中只有一个桥臂（常用 AB 臂）是参与机械变形的电阻片，其他三个桥臂的电阻片都不参与机械变形。这时，电桥的输出电压为

$$\Delta U_{BD}=\frac{E}{4}\frac{\Delta R_1}{R_1}=\frac{EK_S}{4}\varepsilon_1$$

（2）半桥测量：电桥中相邻两个桥臂（常用 AB、BC 两桥臂）是参与机械变形的电阻片，其他两个桥臂是不参与机械变形的固定电阻，这时电桥的输出电压为

$$\Delta U_{BD}=\frac{E}{4}\Big(\frac{\Delta R_1}{R_1}-\frac{\Delta R_2}{R_2}\Big)=\frac{EK_S}{4}(\varepsilon_1-\varepsilon_2)$$

（3）对臂测量：电桥中相对两个桥臂（常用 AB、CD 两桥臂）是参与机械变形的电阻片，其他两个桥臂是固定电阻，这时电桥的输出电压为

$$\Delta U_{BD}=\frac{E}{4}\Big(\frac{\Delta R_1}{R_1}+\frac{\Delta R_3}{R_3}\Big)=\frac{EK_S}{4}(\varepsilon_1+\varepsilon_3)$$

（4）全桥测量：电桥中的四个桥臂都是参与机械变形的电阻片，这时电桥的输出电压为

$$\Delta U_{BD}=\frac{EK_S}{4}(\varepsilon_1-\varepsilon_2+\varepsilon_3-\varepsilon_4)$$

另外，还有串联组桥方式，即两片参与机械变形的电阻片串联在同一桥臂上，其测量结果为两片电阻片变化率的平均值。

二、温度补偿

电阻应变片的电阻随温度变化而变化，利用电桥的加减特性，可通过温度补偿片来消除

这一影响。所谓温度补偿，是将电阻片贴在与构件材质相同但不参与变形的一块材料上，并与构件处于相同的温度条件下。将温度补偿片正确地连接在桥路中，即可消除温度变化所产生的影响。

下面分别讨论各种组桥方式下的温度补偿。通常，参与机械变形的电阻应变片称为工作片，电桥中用符号█来表示；温度补偿片用符号▭来表示；另外，仪器中还设有不随温度变化的内接标准电阻，用符号▨来表示。

（1）单臂测量（见图 2-4）：在 AB 臂接工作片，BC 臂接温度补偿片，CD、DA 臂接仪器内的电阻。考虑温度引起的电阻变化

$$\Delta U_{BD} = \frac{E}{4}\left[\left(\frac{\Delta R_1}{R_1}\right) + \left(\frac{\Delta R_1}{R_1}\right)_T - \left(\frac{\Delta R_2}{R_2}\right)_T\right]$$

由于 R_1 和 R_2 温度条件完全相同，因此 $\left(\frac{\Delta R_1}{R_1}\right)_T = \left(\frac{\Delta R_2}{R_2}\right)_T$，所以电桥的输出电压只与工作片引起的电阻变化有关，与温度变化无关，即

$$\Delta U_{BD} = \frac{E}{4}\frac{\Delta R_1}{R_1}$$

（2）邻臂测量（见图 2-5）：其中 AB、BC 臂接工作片，CD、DA 仍接仪器内的标准电阻。两工作片处在相同的温度条件下，$\left(\frac{\Delta R_1}{R_1}\right)_T = \left(\frac{\Delta R_2}{R_2}\right)_T$，由桥路的加减特性自动消除了温度的影响，无须另接温度补偿片，即

$$\Delta U_{BD} = \frac{E}{4}\left\{\left[\left(\frac{\Delta R_1}{R_1}\right) + \left(\frac{\Delta R_1}{R_1}\right)_T\right] - \left[\left(\frac{\Delta R_2}{R_2}\right) + \left(\frac{\Delta R_2}{R_2}\right)_T\right]\right\}$$
$$= \frac{E}{4}\left(\frac{\Delta R_1}{R_1} - \frac{\Delta R_2}{R_2}\right)$$

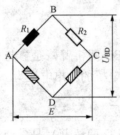
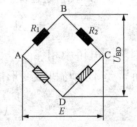

图 2-4　单臂测量　　　　　　　　　　　　图 2-5　邻臂测量

（3）对臂测量（见图 2-6）：一般 AB、CD 两个对臂接工作片，另两个对臂 BC、DA 接温度补偿片。这时四个桥臂的电阻处于相同的温度条件下，相互消除了温度的影响，即

$$\Delta U_{BD} = \frac{E}{4}\left(\frac{\Delta R_1}{R_1} + \frac{\Delta R_3}{R_3}\right)$$

（4）全桥测量（见图 2-7）：四个桥臂都是工作片，由于它们处于相同的温度条件下，因此相互抵消了温度的影响，即

$$\Delta U_{BD} = \frac{E}{4}\left(\frac{\Delta R_1}{R_1} - \frac{\Delta R_2}{R_2} + \frac{\Delta R_3}{R_3} - \frac{\Delta R_4}{R_4}\right)$$

在单臂串联测量时，BC 臂需要两个补偿片串联起来才能消除温度的影响。

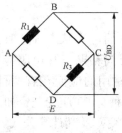

图 2-6　对臂测量

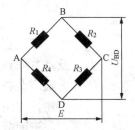

图 2-7　全桥测量

三、桥臂系数及电阻应变仪读数的修正公式

电阻应变仪是测量应变的专用仪器，电阻应变仪的输出电压 ΔU_{BD} 是用应变值 $\varepsilon_{仪}$ 直接显示的。与电阻片的灵敏系数 K_S 相对应，电阻应变仪也有一个灵敏系数 K。有些仪器的 $K_{仪}$ 是可调的，也有一些 $K_{仪}$ 是固定值。当 $K_{仪}=K_S$ 时，$\varepsilon_{仪}=\varepsilon$ 电阻应变仪的读数 $\varepsilon_{仪}$ 值不必修正，否则，需要按下式进行修正

$$K_{仪}\varepsilon_{仪}=K_S\varepsilon$$

前面已讲到，同一测量，组桥方式不同，其输出电压（或电阻应变仪读数）也不相同。因此，通常定义测量出的电阻变化率（或应变）与待测的电阻变化率（或应变）之比为桥臂系数。测量出的电阻变化率（或应变）是四个桥臂电阻变化率（或应变）的代数和，即 $\sum_{n=1}^{4}(-1)^{n+1}\dfrac{\Delta R_n}{R_n}$，而待测的电阻变化率（或应变）为 $\dfrac{\Delta R}{R}$（或 ε）。因此，桥臂系数 B 为

$$B=\frac{\sum_{n=1}^{4}(-1)^{n+1}\dfrac{\Delta R_n}{R_n}}{\dfrac{\Delta R}{R}}$$

用应变表示为

$$B=\frac{\sum_{n=1}^{4}(-1)^{n+1}\varepsilon_n}{\varepsilon}$$

如上所述，单臂测量值就是待测值，此时桥臂系数 $B=1$。熟悉桥臂系数的计算，正确掌握组桥的方法是提高精度和灵敏度的关键。

四、应力测量方法

电阻应变片直接测量的是其轴线方向的应变值，根据应力—应变关系，即可计算出应力值。下面分以下几种情况来讨论：

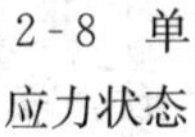

（1）单向应力状态。构件在轴向拉伸（压缩）或梁在纯弯时，都是单向应力状态。此时，只需沿其应力方向粘贴一片电阻应变片 R_1，如图 2-8 所示，并测出其应变值 ε，根据胡克定律即可计算出应力，$\sigma=E\varepsilon$。

R_1

图 2-8　单向
应力状态

（2）主应力方向已知的平面应力状态。如图 2-9 所示的主应力方向粘贴两片电阻片，测出 ε_1 和 ε_2 后，即可根据广义胡克定律计算出主应力值，计算公式如下

$$\sigma_1=\frac{E}{1-\mu^2}(\varepsilon_1+\mu\varepsilon_2)$$

$$\sigma_2 = \frac{E}{1-\mu^2}(\varepsilon_2 + \mu\varepsilon_1)$$

（3）主应力方向未知的平面应力状态。这时为了测量主应力及其方向，必须在三个不同方向粘贴三片电阻应变片，通常称为电阻应变花（简称应变花）。常用的应变花有两种：一种为 45°应变花，如图 2 - 10 所示；另一种为 60°应变花，如图 2 - 11 所示。

下面分别介绍主应力（应变）及其计算公式。

1）45°应变花。如图 2 - 10 所示，沿三片电阻片的轴线测出三个方向的应变 $\varepsilon_{0°}$、$\varepsilon_{45°}$、$\varepsilon_{90°}$ 之后，即可按下列公式计算主应变值及其方向

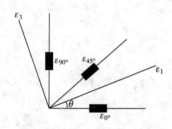
图 2 - 9　主应力方向已知的平面应力状态

$$\varepsilon_{1,3} = \frac{\varepsilon_{0°} + \varepsilon_{90°}}{2} \pm \frac{\sqrt{2}}{2}\sqrt{(\varepsilon_{0°} - \varepsilon_{45°})^2 + (\varepsilon_{45°} - \varepsilon_{90°})^2}$$

$$\theta = \frac{1}{2}\arctan\frac{2\varepsilon_{45°} - \varepsilon_{0°} - \varepsilon_{90°}}{\varepsilon_{0°} - \varepsilon_{90°}}$$

主应力值为

$$\sigma_{1,3} = \frac{E}{2}\left[\frac{\varepsilon_{0°} + \varepsilon_{90°}}{1-\mu} \pm \frac{\sqrt{2}}{1+\mu}\sqrt{(\varepsilon_{0°} - \varepsilon_{45°})^2 + (\varepsilon_{45°} - \varepsilon_{90°})^2}\right]$$

最大切应力为

$$\tau_{max} = \frac{\sqrt{2}E}{2(1+\mu)}\sqrt{(\varepsilon_{0°} - \varepsilon_{45°})^2 + (\varepsilon_{45°} - \varepsilon_{90°})^2}$$

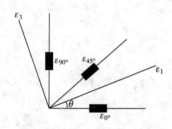
图 2 - 10　45°应变花

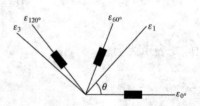
图 2 - 11　60°应变花

2）60°应变花。如图 2 - 11 所示，计算公式如下

$$\varepsilon_{1,3} = \frac{1}{3}(\varepsilon_{0°} + \varepsilon_{60°} + \varepsilon_{120°}) \pm \frac{\sqrt{2}}{3}\sqrt{(\varepsilon_{0°} - \varepsilon_{60°})^2 + (\varepsilon_{60°} - \varepsilon_{120°})^2 + (\varepsilon_{120°} - \varepsilon_{0°})^2}$$

$$\sigma_{1,3} = \frac{E}{3}\left[\frac{\varepsilon_{0°} + \varepsilon_{60°} + \varepsilon_{120°}}{1-\mu} \pm \frac{\sqrt{2}}{1+\mu}\sqrt{(\varepsilon_{0°} - \varepsilon_{60°})^2 + (\varepsilon_{60°} - \varepsilon_{120°})^2 + (\varepsilon_{120°} - \varepsilon_{0°})^2}\right]$$

$$\theta = \frac{1}{2}\arctan\frac{\sqrt{3}(\varepsilon_{60°} - \varepsilon_{120°})}{2\varepsilon_{0°} - \varepsilon_{60°} - \varepsilon_{120°}}$$

五、常用布片方案及电桥接法

常用布片方案及电桥接法见表 2 - 1。

表 2 - 1　　　　　　　　　　常用布片方案及电桥接法

荷载形式	需测应变	应变片的粘贴位置	电桥接法	仪器读数 ε_r 与需测应变 ε 的关系
弯曲	弯曲			$\varepsilon = \dfrac{\varepsilon_r}{2}$
扭转	扭转			$\varepsilon = \dfrac{\varepsilon_r}{4}$
拉（压）弯曲组合	拉（压）弯曲组合			$\varepsilon = \dfrac{\varepsilon_r}{2}$
拉（压）扭组合	拉（压）扭组合			$\varepsilon = \dfrac{\varepsilon_r}{4}$
弯曲扭转组合	弯曲扭转组合			$\varepsilon = \varepsilon_r$
拉（压）	拉（压）			$\varepsilon = \dfrac{(1+\mu)\,\varepsilon_r}{2}$

六、内力测量方法

电阻片所感受的应变测出后，可以计算出应力，根据轴向力 F_N，弯矩 M_y、M_z 以及扭矩 T 与主应力及切应力的关系即可求出相应的内力值。

第3章 基 本 实 验

3.1 低碳钢拉伸破坏实验

一、实验目的

该实验以低碳钢为代表，了解塑性材料在简单拉伸时的机械性质。低碳钢拉伸破坏实验是力学性能实验中最基本、最常用的一个。一般工厂及工程建设单位都利用该实验结果来检验材料的机械性能。实验提供的 E、R_{eL}、R_m、A 和 Z 等指标，是评定材质和进行强度、刚度计算的重要依据。该实验的具体要求为：

（1）了解材料拉伸时力与变形的关系，观察试件破坏现象。

（2）测定低碳钢材料屈服强度 R_{eL}、抗拉强度 R_m、断后伸长率 A 和断面收缩率 Z。

（3）观察分析低碳钢拉伸过程中的各种现象，并绘制拉伸曲线图。

（4）了解万能材料试验机的结构原理，并能正确、独立地操作使用。

（5）比较低碳钢（塑性材料）与铸铁（脆性材料）的力学性能特点和破坏特征差异。

二、实验内容和原理

进行拉伸实验时，外力必须通过试样轴线，以确保材料处于单向应力状态。一般试验机都设有自动绘图装置，用以记录试样的拉伸图，即 $F\text{-}\Delta L$ 曲线（见图 3-1），形象地体现了材料变形特点以及各阶段受力和变形的关系。但是，$F\text{-}\Delta L$ 曲线的定量关系不仅取决于材质而且受试样几何尺寸的影响。因此，拉伸图往往用名义应力—应变曲线（即 $R\text{-}\varepsilon$ [1] 曲线）来表示，其中

$$R = \frac{F}{S_0}$$

$$\varepsilon = \frac{\Delta L}{L_0}$$

式中：R 为试样的名义应力；ε 为试样的名义应变；S_0 和 L_0 分别为初始条件下的面积和标距。$R\text{-}\varepsilon$ 曲线与 $F\text{-}\Delta L$ 曲线相似，但消除了几何尺寸的影响，因此能代表材料的属性。单向拉伸条件下一些材料的机械性能指标就是在 $R\text{-}\varepsilon$ 曲线上定义的。如果实验能提供一条精确的 $R\text{-}\varepsilon$ 曲线，那么单向拉伸条件下的主要力学性能指标就可精确地测定。

不同性质的材料拉伸过程也不同，其 $R\text{-}\varepsilon$ 曲线会存在很大差异。低碳钢和铸铁是性质截然不同的两种典型材料，它们的拉伸曲线在工程材料中十分典型，掌握它们的拉伸过程和破坏特点有助于正确、合理地认识和选用材料。

低碳钢具有良好的塑性，由 $R\text{-}\varepsilon$ 曲线（见图 3-2）可以看出，低碳钢断裂前明显地分成四个阶段：

（1）线弹性阶段：拉伸曲线中 OA 段表示材料的线弹性阶段。在此阶段，试样的变形随

---

[1] GB/T 228.1—2010《金属材料 拉伸试验 第 1 部分：室温试验方法》中将旧标准中的应变 ε 改为伸长率 e，定义为原始标距的伸长与原始标距 L_0 之比的百分率。

着荷载的增大而增大，两者呈线性关系。当荷载从某一数值开始下降时，变形量也随着这一比例下降；荷载降到零时，变形也随之降为零，即变形量完全消失，说明在这一阶段，变形是完全弹性变形，无任何残余变形（塑性变形）。此阶段材料的应力与应变呈线性关系，即

$$R = E\varepsilon \qquad (3-1)$$

式中：E 为材料的拉压弹性模量。

式（3-1）称为拉压胡克定律。与斜直线 OA 的终点相对应的应力值 R_p，称为材料的比例极限。

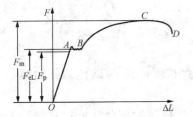

图 3-1　低碳钢拉伸 F-ΔL 曲线

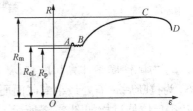

图 3-2　低碳钢拉伸 R-ε 曲线

（2）屈服阶段：当荷载增加到一定数值时，在低碳钢的拉伸曲线上出现水平平台或锯齿现象。这表明材料暂时丧失抵抗继续变形的能力。这时，应力基本不变化，而变形快速增长。这种荷载保持不变或在一定范围内波动，而变形继续增加的现象称为屈服现象。材料屈服时的应力称为屈服强度，用 R_{eL} 表示。一些低碳钢材料存在上屈服强度和下屈服强度。若不加以说明，一般屈服强度都是指下屈服强度。下屈服强度是指屈服期间，不计初始瞬时效应时的最小应力，在实验过程中通过仪器可直接识别，如果仪器不能直接显示此应力值，则可用图示法来确定。R_{eL} 是材料开始进入塑性的标志。结构、零件的应力一旦超过 R_{eL}，材料就会屈服，零件就会因为过量变形而失效。因此，强度设计时常以屈服强度 R_{eL} 作为确定许可应力的基础。材料屈服时，变形包括弹性变形与塑性变形。如果试样表面非常光滑，可以看到与试样轴线约成 45°斜线，称为滑移线，这是由于该方向上存在最大切应力 τ 造成的。材料屈服时将产生不能消失的塑性变形，因此工程中将此定义为材料的破坏。所以，屈服强度 R_{eL} 是表征材料抵抗破坏能力的重要强度指标之一。材料的屈服强度与荷载、试样横截面面积之间有如下关系

$$R_{eL} = \frac{F_{eL}}{S_0} \qquad (3-2)$$

式中：F_{eL} 为屈服时的荷载值；S_0 为试样的原始横截面面积。

（3）强化阶段：拉伸曲线中的 BC 段表示材料的强化阶段。材料屈服后，材料恢复了对继续变形的抵抗能力。因此，若使材料继续变形，就要不断增加荷载。强化阶段如果卸载，弹性变形会随之消失，但塑性变形将永久保留下来。强化阶段的卸载路径与弹性阶段平行。若卸载后重新加载，加载线与弹性阶段平行。重新加载后，材料的比例极限、屈服强度明显提高，而塑性性能会相应下降。这种现象称为冷作硬化。冷作硬化是金属材料的重要性质之一。工程中利用冷作硬化工艺的例子很多，将钢筋预拉超过屈服强度、构件表面进行喷丸处理等，均能提高材料的屈服强度，亦即提高材料抵抗破坏的能力。拉伸曲线最高点 C 对应的荷载为材料的强度荷载，用 F_m 表示，此时对应的应力 R_m 称为抗拉强度或抗拉极限。材料的抗拉强度与强度荷载、试样横截面面积之间有如下关系

$$R_{\mathrm{m}} = \frac{F_{\mathrm{m}}}{S_0} \tag{3-3}$$

式中：F_{m} 为断裂时的强度荷载值；S_0 为试样的原始横截面面积。

（4）颈缩阶段：拉伸曲线中的 CD 段表示材料的颈缩阶段。应力达到抗拉强度后，塑性变形开始在局部进行。局部截面急剧收缩，承载面积迅速减小，试样承受的荷载很快下降，直到断裂。断裂后试样的弹性变形消失，塑性变形将永远保留在断裂的试样上。材料的塑性性能通常用断后伸长率 A 和断面收缩率 Z 来表示，并且

$$A = \frac{L_{\mathrm{u}} - L_0}{L_0} \times 100\% \tag{3-4}$$

$$Z = \frac{S_0 - S_{\mathrm{u}}}{S_0} \times 100\% \tag{3-5}$$

式中：L_0 为试样原始计算长度；L_{u} 为试样拉断后的计算长度；S_0 为试样的原始横截面面积；S_{u} 为拉断后颈缩处最小横截面面积。

断裂后拉伸试样如图 3-3 所示。研究表明，低碳钢试样颈缩部分变形占总塑性变形的 60% 左右，测定断后伸长率时，颈缩部分及其影响区的塑性变形都包含在 L_{u} 之内。试样的断口若在试样的中央附近，断后伸长率 A 即按式（3-4）计算；若断口在标距线以外，则实验无效；若断口在靠近端线的 $L_0/3$ 范围内，那么颈缩影响区的变形将部分落到标距之外，使 L_{u} 的长度相对减小，从而影响 A 的测定。为此，要采用断口移位法对 L_{u} 进行修正。修正的原则是：假想断口置于标距的中央，而且断口两侧的变形基本对称。实验前，要在试件标距内等分画 10 个格子。实验后，将试件对接在一起，以断口为起点 O，在长段上取基本等于短段的格数得 B 点。L_{u} 计算方法如下：

①当长段上所余格数为偶数时，如图 3-3 所示，量取长段上所余格数的 1/2，得 C 点，将 BC 段长度移到试件左端，则移后的 L_{u} 为

$$L_{\mathrm{u}} = AO + OB + 2BC$$

②当长段上所余格为奇数时，如图 3-4 所示，量取长段上所余格数减 1 后的 1/2 长度，得 C 点，再由 C 点向后移一格得 C_1 点，则移位后的标距 L_{u} 为

$$L_{\mathrm{u}} = AO + OB + BC + BC_1$$

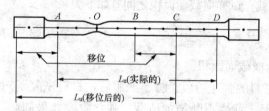
图 3-3　断口移位法（长段上所余格数为偶数）

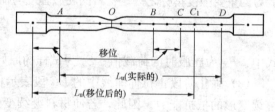
图 3-4　断口移位法（长段上所余格数为奇数）

当断口非常靠近试件两端，而与其头部的距离等于或小于直径的 2 倍时，一般认为实验结果无效，需要重新进行实验。

工程上通常认为，材料的断后伸长率 $A > 5\%$ 属于韧断，$A < 5\%$ 则属于脆断。韧断的特征是断裂前有较大的宏观塑性变形，断口形貌是暗灰色纤维状组织。低碳钢断裂时有很大的塑性变形，断口为杯状，周边为 45° 的剪切唇，断口组织为暗灰色纤维状，因此是一种典型的韧状断口。

三、实验仪器

（1）万能试验机。

（2）游标卡尺。

（3）划线器。

四、试样的制备

按照横截面形状的不同，拉伸试样分为圆比例试样和板材比例试样两种。试样由工作部分（或称平行长度部分）、圆弧过渡部分和夹持部分组成，如图 3-5 所示。图中，L 为平行长度段的平行长度；L_0 为有效工作长度，称为标距。对于圆形截面试样，要求 $L \geqslant L_0 + d_0$，对于矩形截面试样，$L \geqslant L_0 + \dfrac{b_0}{2}$。圆弧过渡要有适当的圆角和台阶，以减小应力集中，确保实验过程中试样不会在该处断裂。试样两端的夹持部分用以传递拉伸荷载，其形状和尺寸要与试验机的钳口夹块相匹配。一般对于直接用钳口夹紧的试样，其夹持部分的长度应不小于钳口深度的 3/4。工作部分的表面粗糙度应符合国家规定，以确保材料表面的单向应力状态。大量实验结果表明，试样的形状和尺寸对实验结果有一定的影响。为了减小这种影响，要按照统一规定制备试样，对于比例试样的长度，下面给出了长试样和短试样两种规定。

试样横截面可以为圆形、矩形、多边形、环形，特殊情况下可以为某些其他形状。

原始标距与横截面积有 $L_0 = k\sqrt{S_0}$ 关系的试样称为比例试样。国际上使用的比例系数 k 的值是 5.65。原始标距应不小于 15mm。当试样截面积太小，以致比例系数 k 为 5.65 的值不能符合这一最小标距要求时，可以采用较高的值（优先采用 11.3 的值）或采用非比例试样。

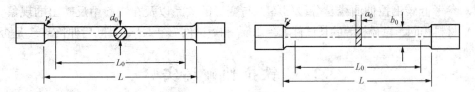

图 3-5 拉伸标准试样

低碳钢试样在被拉断前一定要产生颈缩，而颈缩部分及其影响区的塑性变形在断后伸长率中占很大比例。一种材料的断后伸长率不仅取决于材质，还取决于试样的标距。试样越短，局部变形所占的比例越大，断后伸长率 A 也越大。用标距为 10 倍直径试样测定的断后伸长率记作 A_{10}，用标距为 5 倍直径试样测定的断后伸长率记作 A_5。

五、实验方法、步骤

1. 试件的准备

（1）试样横截面直径测量：用游标卡尺测量试样中间部位及两端三处截面的直径，每一截面沿相互垂直的两个方向测量，取试样直径的平均值计算横截面面积。

（2）试样标距刻划：将试样平行段内标距用划线器分成 10 个等距离的格子（长试样标距 10mm，短试样标距 5mm），以便观察试样变形分布情况和测量断裂伸长，为断口移中做准备。

2. 试验机的准备

了解万能试验机的基本构造原理和操作方法，学习试验机的操作规程。

3. 进行实验

具体操作流程见第 6 章常用实验设备中相应的试验机。

试件夹紧后，给试件缓慢均匀加载，自动绘图装置能够绘出外力 F 和变形 ΔL 的关系曲线（F-ΔL 曲线），如图 3-1 所示。记录下与 B 点相对应的荷载值 F_{eL}，以及与 C 点相对应的荷载值 F_{m}。

六、实验数据处理

（1）计算下屈服强度，$R_{\text{eL}} = \dfrac{F_{\text{eL}}}{S_0}$。

（2）计算抗拉强度，$R_{\text{m}} = \dfrac{F_{\text{m}}}{S_0}$。

（3）计算断后伸长率 A。试样断裂后，取下拉断的试件，观察断口形貌，将断裂的试件紧对到一起，用游标卡尺测量出断裂后试件标距间的长度 L_{u}，按下式可计算出低碳钢的断后伸长率 A

$$A = \frac{L_{\text{u}} - L_0}{L_0} \times 100\%$$

（4）计算断面收缩率 Z。将断裂的试件断口紧对在一起，用游标卡尺量出断口（细颈）处的直径 d_{u}，计算出面积 A_{u}，按下式可计算出低碳钢的断面收缩率 Z

$$Z = \frac{S_0 - S_{\text{u}}}{S_0} \times 100\%$$

如果是微机控制的试验机，把断后标距 L_{u} 和断后断口最小直径 d_{u} 输入计算机系统，计算机会自动计算出下屈服强度、最大荷载、抗拉强度、断后伸长率、断面收缩率。

七、思考题

（1）画出低碳钢拉伸曲线（F-ΔL 曲线）。

（2）参考低碳钢拉伸曲线，分段回答力与变形的关系以及在实验中反映出的现象。

（3）材料相同、直径相等的长试件 $L_0 = 10d_0$ 和短试件 $L_0 = 5d_0$，其断后伸长率 A 是否相同？

3.2　铸铁拉伸破坏实验

一、实验目的

（1）测定铸铁拉伸时的抗拉强度 R_{m}。

（2）观察铸铁拉伸的破坏特点、断口形貌，并与低碳钢实验相比较。

（3）绘制完整拉伸图。

二、实验内容和原理

铸铁是典型的脆性材料，拉伸时 F-ΔL 曲线上无明显的直线部分而成微弯，也不像低碳钢拉伸那样，分成明显的四个阶段。铸铁拉伸既没有屈服，也不产生颈缩现象，在很小的应力作用下突然断裂。典型铸铁拉伸曲线如图 3-6 所示，断口形貌如图 3-7 所示。

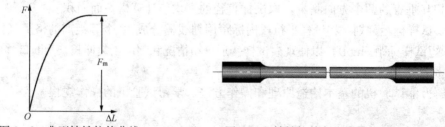

图 3-6　典型铸铁拉伸曲线　　　　　　　图 3-7　铸铁拉伸断口形貌（平面断口）

可以近似认为经弹性阶段直接过渡到断裂，其破坏断口沿横截面方向，说明铸铁的断裂是由拉应力引起，铸铁等脆材料拉断时的最大应力即为抗拉强度 R_m，R_m 也是衡量脆性材料强度的唯一指标。由拉伸曲线可见，铸铁断后伸长率甚小，所以铸铁常在没有任何预兆的情况下突然发生脆断。因此，这类材料若使用不当，极易发生事故。铸铁断口与正应力方向垂直，断面平齐为闪光的结晶状组织，是典型的脆状断口。

多数工程材料的拉伸曲线介于低碳钢和铸铁之间，常常只有两个或三个阶段，但强度、塑性指标的定义和测试方法基本相同。所以，通过拉伸破坏实验，分析比较低碳钢和铸铁的拉伸过程，确定其机械性能，在机械性能实验研究中具有典型意义。

三、实验仪器

（1）万能试验机。

（2）游标卡尺。

四、实验方法、步骤

1. 试件的准备

试样横截面直径测量：用游标卡尺测量试样中间部位及两端三处截面的直径，每一截面沿相互垂直的两个方向测量，取试样直径的平均值计算横截面面积。

2. 试验机的准备

了解万能试验机的基本构造原理和操作方法，学习试验机的操作规程。

3. 进行实验

具体操作流程见第 6 章常用实验设备中相应的试验机。

开动机器，缓慢均匀加载直到断裂为止。记录最大荷载 F_m，观察自动绘图装置上的曲线，如图 3-6 所示。

五、实验数据处理

计算抗拉强度

$$R_m = \frac{F_m}{S_0}$$

式中：F_m 为试样断裂时的荷载；S_0 为试样的原始横截面面积。

若是微机控制的试验机，计算机会自动计算出最大荷载和抗拉强度。

六、思考题

1. 画出铸铁拉伸曲线（F-ΔL 曲线）。

2. 由低碳钢、铸铁的拉伸图和试件断口形状及其测试结果，分析两者的机械性能有什么不同。

3.3　低碳钢压缩破坏实验

一、实验目的

（1）测定低碳钢压缩时的屈服强度 R_{eL}。

（2）了解低碳钢压缩时的破坏现象，比较拉、压时的机械性能。

二、实验内容和原理

低碳钢压缩时，弹性模量和屈服强度与拉伸基本相同，屈服后试样随压力的不断增大变得越短越粗，使横截面积不断增大，承受压力也不断增强，即使试样被压得很扁，也不会断裂，因此低碳钢压缩时不存在抗拉强度，其 F-ΔL 曲线如图 3-8 所示。低碳钢压缩实验试样的形状与尺寸，可参照国家标准设计。压缩试样不宜细长，以免受压发生纵向弯曲而导致失稳，同时也不宜过于粗短，以防影响实验结果。对于金属材料，横截面多采用圆截面，其高度 h 和直径 d 之比一般规定为 2.5～3.5。对于非金属材料，如混凝土，常用立方体试样，岩石试样多用长方体。

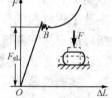

图 3-8　低碳钢压缩曲线

三、实验仪器

（1）万能试验机。

（2）游标卡尺。

四、实验方法、步骤

1. 试件的准备

用游标卡尺测量试件的直径 d。

2. 试验机的准备

了解万能试验机的基本构造原理和操作方法，学习试验机的操作规程。

3. 进行实验

具体操作流程见第 6 章常用实验设备中相应的试验机。

开动机器，对试件缓慢均匀加载，低碳钢在压缩过程中产生流动以前基本情况与拉伸时相同；加载到 B 点时，测力盘指针停止不动或倒退，这说明材料产生了流动。当荷载超过 B 点后，塑性变形逐渐增加，试件横截面面积逐渐明显地增大，试件最后被压成鼓形而不断裂，故只能测出产生流动时的荷载 F_{eL}。

五、实验数据处理

实验结束后，观察试样形貌，低碳钢压缩屈服强度计算公式为

$$R_{eL} = \frac{F_{eL}}{S_0}$$

式中：F_{eL} 为材料屈服时的荷载；S_0 为试样的原始横截面面积。

若是微机控制的试验机，计算机会自动计算出屈服荷载和屈服强度。

六、注意事项

（1）试件一定要放在压头中心，以免偏心影响。

（2）在试件与上压头接触时要特别注意，使之慢慢接触，以免发生撞击，损坏机器。

七、思考题

（1）低碳钢压缩图与拉伸图有何区别？说明什么问题？

（2）低碳钢压缩后为什么呈鼓形？

3.4　铸铁压缩破坏实验

一、实验目的

（1）测定铸铁压缩时的抗压强度 R_m。

（2）观察铸铁压缩破坏时的断口形貌，并绘制压缩曲线图。

（3）比较低碳钢和铸铁两种性质不同材料的机械性能。

二、实验内容和原理

铸铁材料的压缩试件一般也制成圆柱形，如图 3-9 所示，其压缩曲线如图 3-10 所示。同拉伸过程相似，铸铁在压缩过程中也是在很小的变形下突然断裂。破坏断面与其轴线大致成 45°，这是由于 45°斜截面上存在最大切应力而造成的。试样破坏后断口形貌如图 3-11 所示。

图 3-9　铸铁压缩试件　　　图 3-10　铸铁压缩曲线　　　图 3-11　试样破坏后断口形貌

铸铁压缩抗压强度是铸铁拉伸抗拉强度的 4～6 倍，这是脆性材料的显著特点之一。加之铸铁价格低廉，易于浇铸成形，而且具有良好的吸震能力，因此广泛用作机床床身等受压构件。

三、实验仪器

(1) 万能试验机。

(2) 游标卡尺。

四、实验方法、步骤

1. 试件的准备

用游标卡尺测量试件的直径 d。

2. 试验机的准备

了解万能试验机的基本构造原理和操作方法，学习试验机的操作规程。

3. 进行实验

具体操作流程见第 6 章常用实验设备中相应的试验机。

开动机器，缓慢均匀加载直到断裂为止。记录最大荷载 F_m，观察自动绘图装置上的曲线，如图 3-10 所示。

五、实验数据处理

实验结束后，观察试样形貌，输入相关数据，计算机系统将自动计算出铸铁压缩时的抗压强度 R_m，并绘制出压缩曲线，系统参考计算公式为

$$R_m = \frac{F_m}{S_0}$$

式中：F_m 为材料破坏时的荷载；S_0 试样的原始横截面面积。

若是微机控制的试验机，计算机会自动计算出最大荷载和抗拉强度。

六、注意事项

(1) 试件一定要放在压头中心，以免受偏心影响。

(2) 在试件与上压头接触时要特别注意，使之慢慢接触，以免发生撞击，损坏机器。

(3) 铸铁压缩时，应注意安全，以防试件破坏时跳出伤人。

七、思考题

(1) 比较铸铁在拉伸和压缩时的力学性能。

（2）为什么铸铁试件受压缩时是沿着与轴线大致成 45°的斜截面发生破坏？

3.5　低碳钢、铸铁扭转破坏实验

一、实验目的

（1）测定低碳钢材料扭转时的屈服强度 τ_{eL} 和抗扭强度 τ_m。

（2）测定铸铁材料扭转时的抗扭强度 τ_m。

（3）了解扭转试验机的结构、操作和扭转实验过程。

（4）观察扭转后试样断口的形貌特点。

二、实验内容和原理

扭转变形是材料力学和工程力学研究的重要的基本变形之一。扭转强度计算时所用到的许用应力，是通过测出扭转时的剪切屈服强度 τ_{eL} 和抗扭强度 τ_m 之后得到的。在生产实践中，许多工厂把扭转实验规定为必做项目之一。例如，金属线材厂每盘钢丝都需要抽样做扭转实验，以鉴别其工艺性能的好坏，并根据钢丝变形的大小，按照国家标准规定分成等级，作为使用的依据。低碳钢和铸铁是两种截然不同的材料，在扭转实验中它们各自的特点也充分体现出来。因此，通过扭转实验，可使我们对低碳钢和铸铁这两种材料的性质及破坏形式有全面、深入的认识，进一步掌握它们的规律。此外，通过扭转实验得到的感性认识，对加深理解后续内容（如应力状态理论）也有所帮助。

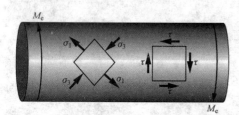

图 3-12　圆柱形试样扭转时所处应力状态

圆柱形试样在扭转时，横截面边缘上任一点处于纯剪切应力状态，如图 3-12 所示。纯剪切应力状态属于二向应力状态，两个主应力的绝对值相等，大小等于横截面上该点处的切应力，R_1 与轴线成 45°角。圆杆扭转时横截面上有最大切应力，而 45°斜截面上有最大拉应力，由此可以分析低碳钢和铸铁扭转时发生破坏的原因。由于低碳钢的抗剪强度低于抗拉强度，试样横截面上的最大切应力引起沿横截面剪断破坏，而铸铁抗拉强度低于抗剪强度，试样与杆轴线成 45°的斜截面上的 R_1 引起拉断破坏。

在低碳钢、铸铁试样受扭过程中，利用自动绘图装置自动绘制出 T-φ 曲线（又称扭转图），如图 3-13 和图 3-14 所示。

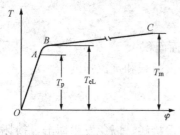

图 3-13　低碳钢扭转曲线

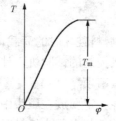

图 3-14　铸铁扭转曲线

图 3-13 中起始直线段 OA 表示试样在这个阶段中 T_p 与 φ 成比例，横截面上的切应力呈线性分布，如图 3-15（a）所示。此时截面周边上的切应力达到材料剪切屈服强度 τ_{eL}，

相应的扭矩记为 T_{eL}。由于这时截面内部的切应力小于 τ_{eL}，故试样仍具有承载能力，$T\text{-}\varphi$ 曲线呈继续上升的趋势。扭转力偶矩超过 T_p 后，截面上的切应力分布不再是线性，如图 3-15（b）所示。在截面上出现了一个环形塑性区，并随着 T 增长，塑性区逐步向中心扩展，$T\text{-}\varphi$ 曲线稍微上升，直到 B 点趋于平坦，截面上各点材料完全达到屈服状态，在屈服期间不计初始瞬时效应时的最低扭矩即为屈服扭矩 T_{eL}，如图 3-15（c）所示。

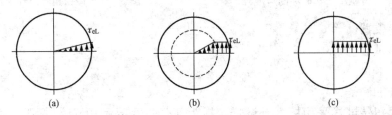

图 3-15　切应力分布图

（a）$T\leqslant T_p$ 时的切应力分布；（b）$T_p<T<T_{eL}$ 时的切应力分布；（c）$T\leqslant T_{eL}$ 时的切应力分布

根据静力平衡条件，可以求得 τ_{eL} 与 T_{eL} 的关系式为

$$T_{eL} = \int_A \rho \tau_{eL} \mathrm{d}S$$

将式中 $\mathrm{d}S$ 用环形面积元素 $2\pi\rho\mathrm{d}\rho$ 表示，则有

$$T_{eL} = \int_0^{\frac{d}{2}} 2\pi\tau_{eL}\rho^2 \mathrm{d}\rho = \frac{\pi d^3}{12}\tau_{eL} = \frac{4}{3}W_p\tau_{eL}$$

故剪切屈服强度为

$$\tau_{eL} = \frac{3T_{eL}}{4W_p} \tag{3-6}$$

式中：$W_p = \dfrac{\pi d^3}{16}$ 为实心试样的抗扭截面模量。

试样完全屈服后，随着扭矩的不断增加，扭转角度不断增大，材料开始进入强化阶段。从图 3-13 看出，当扭矩超过 T_{eL} 后，扭转角度增加很快，而 T_{eL} 增加很慢，BC 近似为一根不通过坐标原点的直线。在 C 点处，试样被剪断，此时扭矩为 T_m，抗扭强度为

$$\tau_m = \frac{3T_m}{4W_p} \tag{3-7}$$

但是，为了使实验结果相互之间具有可比性，根据 GB/T 10128—2007《金属材料室温扭转试验方法》规定，低碳钢扭转屈服点和抗扭强度按如下公式计算

$$\tau_{eL} = \frac{T_{eL}}{W_p}$$

$$\tau_m = \frac{T_m}{W_p} \tag{3-8}$$

铸铁材料的 $T\text{-}\varphi$ 曲线如图 3-14 所示，从开始受扭直到破坏，近似为一条直线，故近似地按弹性应力公式计算

$$\tau_m = \frac{T_m}{W_p} \tag{3-9}$$

从图 3-13 和图 3-14 可以看出，低碳钢和铸铁分别属于塑性和脆性两种不同性质的材料。这两种不同材料在扭转过程中，破坏方式及原因有很大差异。对于塑性材料，在扭转过

程中，屈服区域由表面逐渐向圆心扩展，形成环形塑性区。断裂后试样断口与试样的轴线垂直，断口平整并有回旋状塑性变形痕迹（见图 3-16），这是由于切应力造成切断的结果。对于脆性材料，断口约与试样轴线呈 45°螺旋状（见图 3-17）。

图 3-16　低碳钢扭转破坏断口形貌　　　　　图 3-17　铸铁扭转破坏断口形貌

三、实验仪器

（1）扭转试验机。

（2）游标卡尺。

四、试样的制备

金属材料扭转试样采用标准圆试样，标距部分直径 $d=10\text{mm}$，标距 L_0 为 100mm 或 50mm，平行长度 L_c 为 120mm 或 70mm。其他直径的试样，其平行长度为标距长度加上 2 倍直径。为防止打滑，扭转试样的夹持段宜为矩形。

五、实验方法、步骤

1. 试件的准备

试样横截面直径测量：用游标卡尺测量试样中间部位及两端三处截面的直径，每一截面沿相互垂直的两个方向测量，取试样直径的平均值计算横截面面积。计算抗扭截面系数。

2. 试验机的准备

了解扭转试验机的基本构造原理和操作方法，学习试验机的操作规程。

3. 进行实验

具体操作流程见第 6 章常用实验设备中相应的试验机。

将试件装夹到试验机上，对试件缓慢均匀地加扭矩，得到扭矩 T 和扭转角 φ 的关系曲线。对低碳钢，记录曲线到达 B 点时的扭矩 T_{eL}；对铸铁，记录曲线到达最高点时的扭矩 T_m。

六、实验数据处理

试样断裂后，观察断口形貌。将断裂试样两端对在一起，查看扭转圈数。

低碳钢屈服强度

$$\tau_{eL} = \frac{T_{eL}}{W_p}$$

铸铁的抗扭强度

$$\tau_m = \frac{T_m}{W_p}$$

其中

$$W_p = \frac{\pi}{16}d^3$$

七、思考题

（1）低碳钢和铸铁材料发生扭转破坏时断口形貌有何不同？为什么？

（2）分析低碳钢拉伸与扭转屈服过程有何不同？

3.6　材料弹性模量 E 与泊松比 μ 的测定

一、用引伸计测量弹性模量 E

（一）实验目的

（1）在比例极限内测定低碳钢的弹性模量 E。

（2）验证胡克定律。

（二）原理

拉杆拉伸时伸长变形 ΔL 与拉伸荷载 F 之间的关系，在比例极限范围内应符合胡克定律。由 $\Delta L = \dfrac{FL_e}{ES}$ 可得出

$$E = \frac{FL_e}{\Delta LS}$$

式中：E 为材料弹性模量；F 为拉伸荷载；L_e 为引伸计标距；ΔL 为标距长度内的伸长量；S 为试件的横截面积。

（三）实验仪器

（1）材料试验机。

（2）引伸计。

（3）游标卡尺。

（四）实验方法、步骤

（1）测量试件尺寸（直径）。

（2）试件装于试验机上，预加载 2kN，然后将引伸计装于试件上。

（3）转动引伸计的调节螺钉，使千分表的小针在 0.6 左右，而千分表的大指针为零。

（4）开动机器，缓慢加载，并记录千分表的读数，在 3kN 时记初读数，以后每增加 2kN 记一次读数，至 13kN 为止，停机。

（五）实验数据记录

实验数据记录见表 3-1。

表 3-1　　　　　　　　　　　　实　验　数　据　记　录

加载序号 i	0	1	2	3	4	5
荷载量 $F_i(N)$						
左表读数 $\Delta L_i'$						
右表读数 $\Delta L_i''$						
$(\Delta L_i' + \Delta L_i'')/2$						

（六）实验数据

实验测量数据见表 3-2。

表 3-2　　　　　　　　　　　　实　验　测　量　数　据

i	1	2	3	4	5	算术平均值
$\Delta F = F_i - F_{i-1}$						$\Delta F =$
$\Delta L_i' - \Delta L_{i-1}'$						$\Delta L' =$
$\Delta L_i'' - \Delta L_{i-1}''$						$\Delta L'' =$

（七）实验结果计算

$$E = \frac{\Delta F L_e}{\delta(\Delta L)S} = \qquad\qquad \text{GPa}$$

上式中，$\delta(\Delta L)$ 的单位应用 mm，而表中 $\delta(\Delta L)$ 为千分表格数，千分表 1 格为 $\frac{1}{1000}$mm。

二、用电测法测量弹性模量 E 和泊松比 μ

（一）实验目的

（1）测定常用金属材料的弹性模量 E 和泊松比 μ。

（2）验证胡克定律。

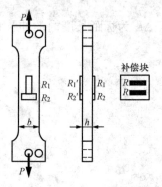

图 3 - 18　拉伸试件及布片图

（二）实验内容和原理

试件采用矩形截面试件，电阻应变片布片方式如图 3 - 18 所示。在试件中央截面上，沿前后两面的轴线方向分别对称地贴一对轴向应变片 R_1、R_1' 和一对横向应变片 R_2、R_2'，以测量轴向应变 ε_p 和横向应变 ε_p'。

1. 弹性模量 E 的测定

由于实验装置和安装初始状态的不稳定性，拉伸曲线的初始阶段往往是非线性的。为了尽可能减小测量误差，实验宜从一初荷载 F_0（$F_0 \neq 0$）开始，采用增量法分级加载，分别测量在各相同荷载增量 ΔF 作用下产生的应变增量 $\Delta \varepsilon_p$，并求出 $\Delta \varepsilon_p$ 的平均值。设试件初始横截面面积为 S_0，又因 $\varepsilon = \frac{\Delta L}{L}$，则有

$$E = \frac{\Delta F}{\Delta \varepsilon_{p均} S_0}$$

式中：S_0 为试件截面面积；$\Delta \varepsilon_{p均}$ 为轴向应变增量的平均值。

上式即为增量法测 E 的计算公式。

用上述试件测 E 时，合理地选择组桥方式可有效地提高测试灵敏度和实验效率。下面讨论几种常见的组桥方式。

（1）单臂测量 ［见图 3 - 19 （a）］。实验时，在一定荷载条件下，分别对前、后两枚轴向应变片进行单片测量，并取其平均值 $\bar{\varepsilon} = (\varepsilon_1 + \varepsilon_1')/2$。显然，$(\overline{\varepsilon_n} + \varepsilon_0)$ 代表荷载 $(\overline{F_n} + F_0)$ 作用下试件的实际应变量，而且 $\bar{\varepsilon}$ 消除了偏心弯曲引起的测量误差。

（2）轴向应变片串联后的单臂测量 ［见图 3 - 19 （b）］。为消除偏心弯曲引起的影响，可将前、后两轴向应变片串联后接在同一桥臂（AB）上，而邻臂（BC）接相同阻值的补偿片。受拉时两枚轴向应变片的电阻变化分别为

$$\Delta R = \frac{\Delta R_1 + \Delta R_m}{\Delta R_1' - \Delta R_m}$$

ΔR_m 为偏心弯曲引起的电阻变化，拉、压两侧大小相等、方向相反。根据桥路原理，AB 桥臂有

$$\frac{\Delta R}{R} = \frac{\Delta R_1 + \Delta R_m + \Delta R_1' - \Delta R_m}{R_1 + R_1'} = \frac{\Delta R_1}{R_1}$$

因此，轴向应变片串联后，偏心弯曲的影响自动消除，而应变仪的读数就等于试件的应变，即 $\varepsilon_d = \varepsilon_p$。显然，这种测量方法没有提高测量灵敏度。

（3）串联后的半桥测量 ［见图 3 - 19 （c）］。将两轴向应变片串联后接 AB 桥臂，两横向应变片串联后接 BC 桥臂，偏心弯曲的影响可自动消除，而温度影响也可自动补偿。根据桥路原理

$$\varepsilon_d = \varepsilon_1 - \varepsilon_2 - \varepsilon_3 + \varepsilon_4$$

其中 $\varepsilon_1 = \varepsilon_p$，$\varepsilon_2 = -\mu\varepsilon_p$，$\varepsilon_p$ 为轴向应变，μ 为材料的泊松比。由于 ε_3、ε_4 为零，故电阻应变仪的读数应为

$$\varepsilon_d = \varepsilon_p(1 + \mu)$$

如果材料的泊松比已知，这种组桥方式可使测量灵敏度提高 $(1 + \mu)$ 倍。

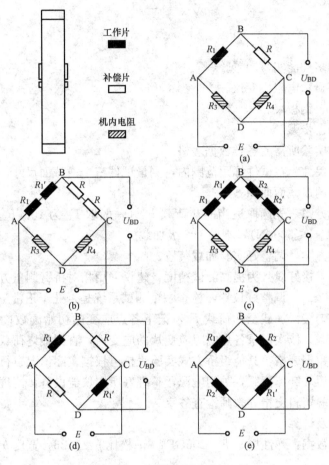

图 3-19　几种不同的组桥方式

(a) 单臂测量；(b) 轴向应变片串联后的单臂测量；(c) 串联后的半桥测量；
(d) 相对桥臂测量；(e) 全桥测量

　　(4) 相对桥臂测量 [见图 3-19 (d)]。将两轴向应变片分别接在电桥的相对两臂（AB、CD），两温度补偿片接在相对桥臂（BC、DA），偏心弯曲的影响可自动消除。根据桥路原理

$$\varepsilon_d = 2\varepsilon_p$$

测量灵敏度提高 2 倍。

　　(5) 全桥测量。按图 3-19 (e) 的方式组桥进行全桥测量，不仅可消除偏心和温度的影响，而且测量灵敏度比单臂测量时提高 $2(1 + \mu)$ 倍，即

$$\varepsilon_d = 2\varepsilon_p(1 + \mu)$$

2. 泊松比 μ 的测定

利用试件上的横向应变片和轴向应变片合理组桥，为了尽可能减小测量误差，实验宜从一初荷载 $F_0(F_0 \neq 0)$ 开始，采用增量法分级加载，分别测量在各相同荷载增量 ΔF 作用下产生的横向应变增量 $\Delta\varepsilon_p'$ 和轴向应变增量 $\Delta\varepsilon_p$。求出平均值，按定义

$$\mu = \left| \frac{\Delta\varepsilon_p'}{\Delta\varepsilon_p} \right|$$

便可求得泊松比 μ。

三、实验仪器

（1）材料力学多功能实验装置。

（2）静态数字显示电阻应变仪。

（3）游标卡尺、钢板尺。

四、实验方法、步骤

（1）设计好本实验所需的各类数据表格。

（2）测量试件尺寸。在试件标距范围内，测量试件三个横截面尺寸，取三处横截面面积的平均值作为试件的横截面面积 S_0。

（3）拟定加载方案。先选取适当的初荷载 F_0（一般取 F_0 为 $10\%F_{max}$ 左右），估算 F_{max}（该实验荷载范围 $F_{max} \leqslant 5000N$），不少于 8 级加载。

（4）根据加载方案，调整好实验加载装置。

（5）按实验要求接好线（为提高测试精度，建议采用相对桥臂测量方法，轴向应变 $\varepsilon_d = 2\varepsilon_p$，横向应变 $\varepsilon_d' = 2\varepsilon_p'$），调整好仪器，检查整个测试系统是否处于正常工作状态。

（6）加载。均匀缓慢加载至初荷载 F_0，记下各点应变的初始读数；然后分级等增量加载，每增加一级荷载，依次记录各点电阻应变片的应变值，直到最终荷载。实验至少重复两次。相对桥臂测量数据表格，其他组桥方式实验表格可根据实际情况自行设计。

（7）做完实验后，卸掉荷载，关闭电源，整理好所用仪器设备，清理实验现场，将所用仪器设备复原，实验资料交指导教师检查签字。

五、实验记录及计算

试件相关参考数据：弹性模量 $E=206GPa$，泊松比 $\mu=0.26$，宽度 $b=30mm$，厚度 $h=5mm$。

1. 试件尺寸

试件尺寸见表 3-3。

表 3-3　　　　　　　　　　试 件 尺 寸

试件截面宽 b（mm）	试件截面厚 h（mm）	横截面面积 S_0（mm²）

2. 实验数据

实验测量数据见表 3-4。

| 表 3 - 4 | | | 实 验 测 量 数 据 | | | |

序　号	荷载		读 数 应 变			
			轴向应变（$\mu\varepsilon$）		横向应变（$\mu\varepsilon$）	
	$F(N)$	$\Delta F(N)$	ε_p	$\Delta\varepsilon_p$	ε_p'	$\Delta\varepsilon_p'$
初载 $F_0(N)$						
1						
2						
3						
4						
5						
6						
7						
8						
平均值	$\Delta F_{均}$		$\Delta\varepsilon_{p均}$		$\Delta\varepsilon_{p均}'$	

3. E、μ 计算

弹性模量
$$E = \frac{\Delta F_{均}}{S_0 \Delta\varepsilon_{p均}}$$

泊松比
$$\mu = \left| \frac{\Delta\varepsilon_{p均}'}{\Delta\varepsilon_{p均}} \right|$$

六、注意事项

（1）测试仪未开机前，一定不要进行加载，以免在实验中损坏试件。

（2）实验前一定要设计好实验方案，准确测量实验计算用数据。

（3）加载过程中一定要缓慢加载，不可快速加载，以免超过预定加荷载值，造成测试数据不准确，同时注意不要超过实验方案中预定的最大荷载，以免损坏试件。

（4）实验结束后，一定要先将荷载卸掉，必要时可将加载附件一起卸掉，以免误操作损坏试件。

（5）确认荷载完全卸掉后，关闭仪器电源，整理实验台面。

七、思考题

（1）测量材料的弹性模量 E 时为什么要确保试件应力低于材料的比例极限？

（2）为什么用等量增载法进行实验？用等量增载法求出的弹性模量与一次加载到最终值求出的弹性模量是否相同？

（3）实验时为什么要加初荷载？

3.7　纯弯曲梁的正应力实验

一、实验目的

（1）测定梁在纯弯曲时横截面上正应力的大小和分布规律。

（2）验证纯弯曲梁的正应力计算公式。

二、实验内容和原理

在纯弯曲条件下，根据平面假设和纵向纤维间无挤压的假设，可得到梁横截面上任一点的正应力 σ，计算公式为

$$\sigma = \frac{My}{I_z}$$

式中：M 为弯矩，$M=Fa/2$；I_z 为横截面对中性轴的惯性矩；y 为所求应力点至中性轴的距离。

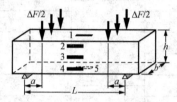

图 3-20　应变片在梁中的位置

为了测量梁在纯弯曲时横截面上正应力的分布规律，在梁的纯弯曲段沿梁侧面不同高度，平行于轴线贴有应变片（见图 3-20）。

实验可采用半桥单臂、公共补偿、多点测量方法。加载采用增量法，即每增加等量的荷载 ΔF，测出各点的应变增量 $\Delta\varepsilon$，然后分别取各点应变增量的平均值 $\Delta\varepsilon_{i实}$，依次求出各点的应力增量。应力增量计算公式为

$$\sigma_{i实} = E\Delta\varepsilon_{i实}$$

将实测应力值与理论应力值进行比较，以验证弯曲正应力计算公式。

三、实验仪器

（1）材料力学多功能实验装置。

（2）静态数字显示电阻应变仪。

（3）游标卡尺、钢板尺。

四、实验方法、步骤

（1）设计好本实验所需的各类数据表格。

（2）测量矩形截面梁的宽度 b 和高度 h、荷载作用点到梁支点的距离 a 及各应变片到中性层的距离 y_i。

（3）拟定加载方案。先选取适当的初荷载 F_0（一般取 F_0 为 $10\%F_{max}$ 左右），估算 F_{max}，分 4～6 级加载。

（4）根据加载方案，调整好实验加载装置。

（5）按实验要求接好线，调整好仪器，检查整个测试系统是否处于正常工作状态。

（6）加载。均匀缓慢加载至初荷载 F_0，记下各点应变的初始读数；然后分级等增量加载，每增加一级荷载，依次记录各点电阻应变片的应变值 ε，直到最终荷载。实验至少重复两次。

（7）做完实验后，卸掉荷载，关闭电源，整理好所用仪器设备，清理实验现场，将所用器设备复原，实验资料交指导教员检查签字。

五、实验数据

1. 试件相关参考数据

试件相关参考数据见表 3-5。

表 3 - 5   **试 件 相 关 参 考 数 据**

应变片至中性层距离（mm）		梁的尺寸和有关参数
y_1	-20	宽度 $b=20$mm
y_2	-10	高度 $h=40$mm
y_3	0	跨度 $L=600$mm
y_4	10	荷载距离 $a=125$mm
y_5	20	弹性模量 $E=206$GPa
		泊松比 $\mu=0.26$
		惯性矩 $I_z=bh^3/12=1.067\times10^{-7}$m^4

2. 实验数据

实验数据记录及整理见表 3 - 6。

表 3 - 6   **实验数据记录及整理**

荷载（N）		F						
		ΔF						
各测点电阻应变仪读数（$\mu\varepsilon$）	1	ε						
		$\Delta\varepsilon$						
		平均值						
	2	ε						
		$\Delta\varepsilon$						
		平均值						
	3	ε						
		$\Delta\varepsilon$						
		平均值						
	4	ε						
		$\Delta\varepsilon$						
		平均值						
	5	ε						
		$\Delta\varepsilon$						
		平均值						

六、数据处理（结果保留到小数点后一位）

1. 理论值计算

$$\Delta M=\frac{1}{2}\Delta Fa=$$

$$I_z=\frac{1}{12}bh^3=$$

由公式 $\Delta\sigma_{理}=\dfrac{\Delta My}{I_z}$（$y$ 为各测点到中性轴的距离）得

$\Delta\sigma_{1理}=-\Delta\sigma_{5理}=$

$\Delta\sigma_{2理}=-\Delta\sigma_{4理}=$

$\Delta\sigma_{3理}=$

2. 实测值计算

$\Delta\sigma_{实}=E\Delta\varepsilon_{实}$

$\Delta\sigma_{1实}=$

$\Delta\sigma_{2实}=$

$\Delta\sigma_{3实}=$

$\Delta\sigma_{4实}=$

$\Delta\sigma_{5实}=$

3. 误差分析

$$相对误差=\frac{\Delta\sigma_{理}-\Delta\sigma_{实}}{\Delta\sigma_{理}}\times100\%（1、2、4、5点）$$

$$绝对误差=\Delta\sigma_{理}-\Delta\sigma_{实}（3点）$$

误差计算结果填入表 3-7。

表 3-7　　　　　　　　　　　误 差 计 算 结 果

应变片位置	1点	2点	3点	4点	5点
实验应力值（MPa）					
理论应力值（MPa）					
相对误差（%）					
绝对误差（MPa）	—	—		—	—

4. 绘出实验应力值和理论应力值的分布图

分别以横坐标轴表示各测点的应力 $\sigma_{i实}$ 和 $\sigma_{i理}$，以纵坐标轴表示各测点距梁中性层的位置 y_i，选用合适的比例绘出应力分布图。

七、思考题

（1）弯曲正应力的大小是否会受材料弹性模量 E 的影响？

（2）尺寸完全相同的两种材料，如果距中性层等远处纤维的伸长量对应相等，问二梁相应截面的应力是否相同，所加荷载是否相同？

（3）在梁的横力弯曲部分，弯曲正应力的计算仍用纯弯曲公式 $\sigma=\dfrac{My}{I_z}$，与实验结果验证，试问是否有很大的误差？

3.8　弯扭组合变形下主应力测试实验

一、实验目的

（1）用电测法测定平面应力状态下主应力的大小及方向，并与理论值进行比较。

（2）测定薄壁圆筒在弯扭组合变形作用下的弯矩和扭矩。

（3）进一步掌握电测法。

二、实验内容和原理

1. 测定主应力大小和方向

薄壁圆筒受弯扭组合作用而发生组合变形，圆筒上 m 点处于平面应力状态（见图 3-21）。在 m 点单元体上作用有由弯矩引起的正应力 σ_x 和由扭矩引起的切应力 τ，主应力是一对拉应力 σ_1 和一对压应力 σ_3，单元体上的正应力 σ_x 和切应力 τ 可按下式计算

$$\sigma_x = \frac{M}{W_z}$$

$$\tau = \frac{T}{W_p}$$

式中：M 为弯矩，$M=FL$；T 为扭矩，$T=Fa$；W_z 为抗弯截面模量，$W_z = \frac{\pi D^3}{32}\left[1-\left(\frac{d}{D}\right)^4\right]$；$W_p$ 为抗扭截面模量，$W_p = \frac{\pi D^3}{16}\left[1-\left(\frac{d}{D}\right)^4\right]$。

由二向应力状态分析可得到主应力及其方向

$$\begin{matrix}\sigma_1\\\sigma_3\end{matrix} = \frac{\sigma_x}{2} \pm \sqrt{\frac{\sigma_x}{2}+\tau^2}$$

$$\tan 2\alpha_0 = \frac{-2\tau}{\sigma_x}$$

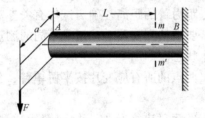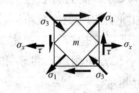

图 3-21　圆筒上 m 点的应力状态

本实验装置采用的是 $45°$ 直角应变花，在 m、m' 点各贴一组应变花（见图 3-22），应变花上三个应变片的 α 角分别为 $-45°$、$0°$、$45°$，该点主应变和主应力的大小和方向分别为

$$\begin{matrix}\varepsilon_1\\\varepsilon_3\end{matrix} = \frac{\varepsilon_{45°}+\varepsilon_{-45°}}{2} \pm \frac{\sqrt{2}}{2}\sqrt{(\varepsilon_{45°}-\varepsilon_{0°})^2+(\varepsilon_{-45°}-\varepsilon_{0°})^2}$$

$$\tan 2\alpha_0 = \frac{\varepsilon_{45°}-\varepsilon_{-45°}}{2\varepsilon_{0°}-\varepsilon_{45°}-\varepsilon_{-45°}}$$

主应力大小和方向分别为

$$\begin{matrix}\sigma_1\\\sigma_3\end{matrix} = \frac{E(\varepsilon_{45°}-\varepsilon_{-45°})}{2(1-\mu)} \pm \frac{\sqrt{2}E}{2(1+\mu)}\sqrt{(\varepsilon_{45°}-\varepsilon_{0°})^2+(\varepsilon_{-45°}-\varepsilon_{0°})^2}$$

$$\tan 2\alpha_0 = \frac{\varepsilon_{45°}-\varepsilon_{-45°}}{2\varepsilon_{0°}-\varepsilon_{45°}-\varepsilon_{-45°}}$$

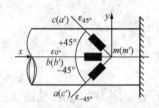

图 3-22　测点应变花布置图

2. 测定弯矩

薄壁圆筒虽为弯扭组合变形，但 m 和 m' 两点沿 x 方向只有因弯曲引起的拉伸和压缩应变，且两应变等值异号。因此，将 m 和 m' 两点处的应变片 b 和 b'，采用不同组桥方式测量，即可得到 m、m' 两点由弯矩引起的轴向应变 ε_m，则截面 m-m' 的弯矩实验值为

$$M = E\varepsilon_m W_z = \frac{E\pi(D^4 - d^4)}{32D}\varepsilon_m$$

3. 测定扭矩

当薄壁圆筒受纯扭转时，m 和 m' 两点 45°方向和−45°方向的应变片都是沿主应力方向，且主应力 σ_1 和 σ_3 数值相等、符号相反。因此，采用不同的组桥方式测量，可得到 m 和 m' 两点由扭矩引起的主应变 ε_n。因扭转时主应力 σ_1 和切应力 τ 相等，故可得到截面的 m−m' 扭矩实验值为

$$T = \frac{E\varepsilon_n}{1+\mu} \frac{\pi(D^4 - d^4)}{16D}$$

三、实验仪器

（1）材料力学多功能实验装置。

（2）静态数字显示电阻应变仪。

（3）游标卡尺、钢板尺。

四、实验方法、步骤

（1）设计好本实验所需的各类数据表格。

（2）测量试件尺寸、测力臂长度和测点距力臂的距离，确定试件有关参数，见表 3-8。

（3）将薄壁圆筒上的应变片按不同测试要求接到仪器上，组成不同的测量电桥。调整好仪器，检查整个测试系统是否处于正常工作状态。

1）主应力大小、方向测定：将 m 和 m' 两点的所有应变片按半桥单臂、公共温度补偿法组成测量线路进行测量。

2）测定弯矩：将 m 和 m' 两点的 b 和 b' 两只应变片按半桥双臂组成测量线路进行测量 $\left(\varepsilon = \dfrac{\varepsilon_d}{2}\right)$。

3）测定扭矩：将 m 和 m' 两点的 a、c 和 a'、c' 四只应变片按全桥方式组成测量线路进行测量 $\left(\varepsilon = \dfrac{\varepsilon_d}{4}\right)$。

（4）拟定加载方案。先选取适当的初荷载 F_0（一般取 F_0 为 $10\%F_{max}$ 左右），估算 F_{max}，分 4~6 级加载。

（5）根据加载方案，调整好实验加载装置。

（6）加载。均匀缓慢加载至初荷载 F_0，记下各点应变的初始读数；然后分级等增量加载，每增加一级荷载，依次记录各点电阻应变片的应变值，直到最终荷载。实验至少重复两次。

（7）做完实验后，卸掉荷载，关闭电源，整理好所用仪器设备，清理实验现场，将所用仪器设备复原，实验资料交指导教员检查签字。

（8）实验装置中，圆筒的管壁很薄，为避免损坏装置，注意切勿超载，不能用力扳动圆筒的自由端和力臂。

五、实验数据

1. 试件相关参考数据

圆筒的尺寸和有关参数见表 3-8。

表 3-8 圆筒的尺寸和有关参数

计算长度 $L = 240\text{mm}$	扇臂长度 $a = 248\text{mm}$
外径 $D = 40\text{mm}$	弹性模量 $E = 206\text{GPa}$
内径 $d = 34\text{mm}$	泊松比 $\mu = 0.26$

2. 主应力实验测量数据

主应力实验测量数据见表 3-9。

表 3-9 主应力实验测量数据

荷载（N）			F						
			ΔF						
各测点电阻应变仪读数（με）	m 点	45°	ε_p						
			$\Delta \varepsilon_p$						
			平均值						
		0	ε_p						
			$\Delta \varepsilon_p$						
			平均值						
		−45°	ε_p						
			$\Delta \varepsilon_p$						
			平均值						
	m' 点	45°	ε_p						
			$\Delta \varepsilon_p$						
			平均值						
		0	ε_p						
			$\Delta \varepsilon_p$						
			平均值						
		−45°	ε_p						
			$\Delta \varepsilon_p$						
			平均值						

3. 弯矩和扭矩实验测量数据

弯矩和扭矩实验测量数据见表 3-10。

表 3-10　　　　　　　　　　　弯矩和扭矩实验测量数据

荷载（N）		F						
		ΔF						
电阻应变仪读数（$\mu\varepsilon$）	弯矩 ε_m	ε_p						
		$\Delta\varepsilon_p$						
		平均值						
	扭矩 ε_n	ε_p						
		$\Delta\varepsilon_p$						
		平均值						

六、实验结果处理

1. 主应力及方向

m 或 m' 点实测值主应力及方向计算公式分别为

$$\begin{matrix}\sigma_1\\\sigma_3\end{matrix} = \frac{E(\varepsilon_{45°}-\varepsilon_{-45°})}{2(1-\mu)} \pm \frac{\sqrt{2}E}{2(1+\mu)}\sqrt{(\varepsilon_{45°}-\varepsilon_{0°})^2+(\varepsilon_{-45°}-\varepsilon_{0°})^2}$$

$$\tan2\alpha_0 = \frac{\varepsilon_{45°}-\varepsilon_{-45°}}{2\varepsilon_{0°}-\varepsilon_{45°}-\varepsilon_{-45°}}$$

m 或 m' 点理论值主应力及方向计算公式分别为

$$\begin{matrix}\sigma_1\\\sigma_3\end{matrix} = \frac{\sigma_x}{2} \pm \sqrt{\left(\frac{\sigma_x}{2}\right)^2+\tau^2}$$

$$\tan2\alpha_0 = \frac{-2\tau}{\sigma_x}$$

2. 弯矩及扭矩

m-m' 实测弯矩、扭矩计算公式分别为：

弯矩　　　　　　　　　　$M = \dfrac{E\pi(D^4-d^4)}{32D}\varepsilon_m$

扭矩　　　　　　　　　　$T = \dfrac{E\pi(D^4-d^4)}{16D(1+\mu)}\varepsilon_n$

m-m' 理论值弯矩、扭矩计算公式分别为：

弯矩　　　　　　　　　　$M=\Delta FL$

扭矩　　　　　　　　　　$T=\Delta Fa$

3. 实验值与理论值的比较

实验值与理论值的比较见表 3-11 和表 3-12。

表 3 - 11 m 或 m' 点的主应力及方向

比较内容		实验值	理论值	相对误差（%）
m 点	σ_1（MPa）			
	σ_3（MPa）			
	α_0（°）			
m' 点	σ_1（MPa）			
	σ_3（MPa）			
	α_0（°）			

表 3 - 12 $m—m'$ 截面弯矩和扭矩

比较内容	实验值	理论值	相对误差（%）
σ_m（MPa）			
τ_n（MPa）			
M（N·m）			
T（N·m）			

七、思考题

（1）主应力测量中，45°直角应变花是否可沿任意方向粘贴？

（2）对测量结果进行分析，讨论产生误差的主要原因是什么。

（3）如果忽略弯曲（或扭转）的影响进行测点应力计算，则引起测点空心圆管的应力误差如何？

第4章 选择性实验

4.1 剪切实验

在工程实际中，经常遇到剪切问题，如常用的销钉、螺栓、平键等。这些构件的受力和变形特点是：作用在构件两侧面上的横向外力的合力大小相等，方向相反，作用线相距很近。在这样的外力作用下，其变形特点是两力间的横截面发生相对错动，这种变形形式称为剪切。

一、实验目的

（1）测定低碳钢、灰铸铁的剪切强度 τ_m。

（2）比较低碳钢和灰铸铁的剪切破坏形式。

二、实验仪器

（1）微机屏显式液压万能材料试验机。

（2）游标卡尺。

三、试样的制备

试样为圆截面试样，如图 4-1 所示。

四、实验原理

剪切器原理如图 4-2 所示。

将试样安装在剪切器内，用万能实验机对剪切器的剪切刀刃施加荷载，则试样上有两个横截面受剪。随着荷载 F 的增加，剪切面上的材料经过弹性、屈服等阶段，最后沿剪切面被剪断。

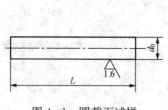

图 4-1　圆截面试样

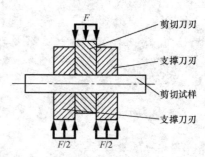

图 4-2　剪切器原理

用万能实验机可以测得试样被剪断时的最大荷载 F_m，抗剪强度为

$$\tau_m = \frac{F_m}{2S_0}$$

式中：S_0 为试样的原始横截面面积。

从被剪断的低碳钢试样可以看到，剪切面已不再是圆，说明试样尚受到挤压应力的作用。同时，还可以看出中间一段略有弯曲，表明试样承受的不是单纯的剪切变形，这与工程中使用的螺栓、铆钉、销钉、键等连接件的受力情况相同，因此所测得的 τ_m 具有实用价值。

五、实验方法、步骤

（1）测量试样的直径。测量试样两端及中间三个横截面处的直径，在每一横截面内沿互相垂直的两个直径方向各测量一次，取其平均值。用所测得的三个平均值中的最小值计算试样的横截面面积 S_0。计算 S_0（mm^2）时取三位有效数字。

（2）将试样装入剪切器中。

（3）将剪切器放到万能试验机的压缩区间内。

（4）接好电源，开启电源开关，按顺序按下计算机电源开关，进入计算机操作系统，进入试验软件。

（5）根据低碳钢的抗剪强度 τ_m 和横截面面积 S_0 估计试样的最大荷载 F_m，如果需要，设定过载保护值。

（6）均匀缓慢加载直至试样被剪断，读取最大荷载 F_m。注意观察显示屏上曲线的变化和荷载的变化，观察相应的实验现象的变化；超过屈服阶段后，继续加载，最后将试件剪断即可停止。

（7）关闭送油阀，关闭电源开关和油泵开关，打开回油阀卸荷后，将试验力回零，取下试样，观察试样的形状。

（8）在屏幕的图像曲线上，找出最大荷载 F_m。

六、实验数据及处理

（1）试件尺寸，见表 4-1。

表 4-1　　　　　　　　　　　剪切实验试件尺寸

| 材　料 | 直径 d_0（mm） | | | | | | | | | 最小截面面积 S_0（mm^2） |
| | 横截面Ⅰ | | | 横截面Ⅱ | | | 横截面Ⅲ | | | |
	1	2	平均	1	2	平均	1	2	平均	
低碳钢										
铸铁										

（2）最大荷载和抗剪强度，见表 4-2。

表 4-2　　　　　　　　　　　剪切实验试件的最大荷载和抗剪强度

材料	最小截面面积（mm^2）	最大荷载（kN）	抗剪强度（MPa）
低碳钢			
灰铸铁			

七、思考题

比较低碳钢和灰铸铁被剪断后的试样，试分析破坏原因。

4.2　扭转求材料切变模量 G 的实验

材料的切变模量 G（亦称剪切弹性模量）是材料抵抗剪切变形的性能参数，也是材料的弹性常数之一，在对受扭转的构件进行刚度设计和计算时就要用到。材料的切变模量只能通过实验测定，在此过程中可以验证剪切胡克定律。

一、实验目的

（1）测定钢材的切变模量 G。

（2）验证在弹性极限内的剪切胡克定律。

二、实验仪器

（1）Ⅱ型组合式实验台。

（2）游标卡尺、钢卷尺等。

（3）百分表。

三、实验装置

（1）扭转实验装置如图 4-3 所示。

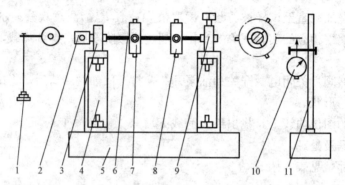

图 4-3　扭转实验装置示意图

1—砝码；2—砝码托架组件；3—活动支座组件；4—立支座组件；5—底座；6—试样圆梁；
7、8—圆卡盘；9—固定支座组件；10—百分表；11—百分表支架组件

（2）试样。试样采用符合 GB/T 10128—2007《金属室温扭转试验方法》中规定的圆形截面低碳钢试样，并按照规定要求选定标距 L_0。

四、实验原理

实验装置的实验原理如图 4-4 所示。

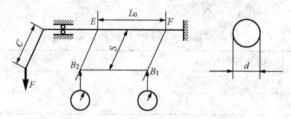

图 4-4　扭转实验原理示意图

d—试件直径；L_0—原始标距；S—测点 B_1、B_2 到试件中心的距离

（1）理论上，材料的切变模量 G 和弹性模量 E、泊松比 μ 之间具有如下关系

$$G = \frac{E}{2(1+\mu)}$$

（2）试验时，当给试样施加荷载 F 时，在试样上产生一个扭矩 T。由于试样的右端固定，这样，在试样的不同截面产生的扭转角度也就不同。在试样标距两端截面 E、F 上，距试样中心 S 点分别安装百分表，即可测出 B_1、B_2 两点的位移，从而计算出两点的相对位移

B_2-B_1，则截面 E、F 的相对转角为

$$\varphi = \frac{B_2 - B_1}{S}$$

又

$$\varphi = \frac{TL_0}{GI_p}$$

则切变弹性模量为

$$G = \frac{TL_0}{\varphi I_p}$$

其中

$$T = FC, \quad I_p = \frac{\pi d^4}{32}$$

五、实验步骤

（1）测量试样直径 d，作出标距 L_0；在标距两端及中间处两个相互垂直的方向上各测一次直径，并取其算术平均值作为该截面的直径，然后取三处测得直径的算术平均值，计算试样的极惯性矩 I_p。

（2）按照实验装置的要求组装试验装置，如图 4-3 所示。

（3）调整百分表，使其与测点 B_1、B_2 接触良好。

（4）拟定加载方案：采用增量法加载。根据低碳钢材料的比例扭转切应力 τ_p 来选取最大扭矩 T_{max}，取最大扭矩 $T_{max} = (0.7 \sim 0.8)\tau_{eL} W_p$，其中 τ_{eL} 为预计的切变屈服点（剪切屈服强度），W_p 为试样抗扭截面模量。预扭矩一般不超过相应预期规定非比例扭转强度 $\tau_{p0.015}$ 的 10%，不少于 5 级等扭矩对试样加载。实验时将扭矩 T 换算成荷载 F。$F_0 = 5$N，$\Delta F = 10$N。

（5）设计实验记录表格，按照加载方案进行试验，并记录实验数据。

六、实验数据

扭转实验数据记录表见表 4-3。

表 4-3 扭转实验数据记录表

荷载 F (N)	百分表读数 （0.01mm）			Δ (B_2-B_1)
	B_1	B_2	B_2-B_1	
F_0				
$F_1 = F_0 + \Delta F$				
$F_2 = F_1 + \Delta F$				
$F_3 = F_2 + \Delta F$				
$F_4 = F_3 + \Delta F$				
$F_5 = F_4 + \Delta F$				
Δ (B_2-B_1) 的平均值				

七、实验数据处理

（1）计算切变模量 G 的理论值

$$G = \frac{E}{2(1+\mu)}$$

（2）计算切变模量 G 的实际值

$$G = \frac{TL_0}{\varphi I_p}$$

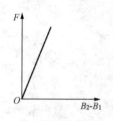

图 4 - 5　试验点拟合曲线

其中　$T=\Delta FC$　$\varphi=\dfrac{B_2-B_1}{S}$

（3）绘制实验的 F-B_2-B_1 图像，验证在弹性极限内的剪切胡克定律。将所得的数据（F，B_2-B_1）以 F 为纵坐标、B_2-B_1 为横坐标，标出各实验点，并通过这些实验点作一直线（见图 4 - 5）。若大部分测点靠近直线，说明试件在弹性极限内符合胡克定律。

（4）计算理论值和实验值的相对误差。

八、思考题

（1）试样的形状和尺寸及选取标距的长短对测量切变模量 G 有无影响？

（2）用增量法加载测量得到的切变模量 G 与一次直接加到最大值所得到的 G 有何不同？

4.3　压杆稳定实验

在工程实际中，对承受轴向压力的杆件既要求进行强度、刚度计算，又要进行稳定性计算。对于短粗压杆来说，只要满足压缩强度条件，就可以保证压杆的正常工作，但对于细长压杆就不适用了。细长压杆在压力远小于其压缩破坏强度的荷载时，可能由于发生失稳现象而丧失工作能力。由于细长杆的承压能力远低于短粗压杆，因此，研究压杆的稳定性就更为需要。

一、实验目的

（1）测定杆件失稳的临界力和最大荷载，并与理论值进行比较。

（2）观察细长杆在轴向压力作用下的失稳现象。

二、实验仪器

（1）Ⅱ型组合式试验台。

（2）静态数字显示电阻应变仪。

（3）矩形截面不锈钢试件。

三、实验装置

压杆稳定实验装置如图 4 - 6 所示。将试样 4 的下端固定在下固定座 8 上，上端通过上铰链 5 与加载梁的中点连接，加载梁的一端通过铰链与支架 7 连接，另一端与砝码托架 2 连接，在砝码托架 2 上放置砝码 1 对试样进行加载。支架 7、下固定座 8 固定在底座 9 上。在试样上部约 1/3 处沿轴线纵向粘贴一枚电阻式应变片 6，与电阻式应变仪 10 相连接。在荷载的作用下，试样产生弯曲变形，相应的应变仪测出应变的数值。

四、实验原理

压杆稳定实验的原理如图 4 - 7 所示。该装置可简化为一端铰支、一端固定的压杆，如图 4 - 7（b）所示。实验采用电测法测量，电阻应变片粘贴在距试件活动铰支端大约 $L/3$ 处。

根据欧拉小挠度理论，对于大柔度杆，在轴向压力作用下，压杆保持直线平衡的最大荷载即临界荷载 F_{cr}，由欧拉公式可得

$$F_{cr}=\frac{\pi^2 EI}{(\mu L)^2}$$

$$I=\frac{a^3 b}{12}$$

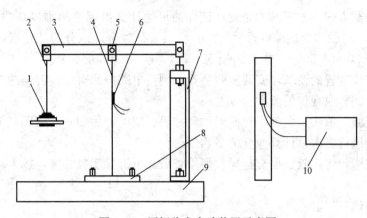

图 4-6　压杆稳定实验装置示意图

1—砝码；2—砝码托架组件；3—加载梁组件；4—试样；5—上铰链；6—电阻式应变片；

7—支架；8—下固定座组件；9—底座；10—电阻式应变仪

式中：E 为材料的弹性模量；I 为试样截面的最小惯性矩；L 为压杆的长度；μ 为与压杆端点支座形式有关的长度系数，本实验中 $\mu = 0.70$。

当 $F < F_{cr}$ 时，压杆保持直线形状而处于稳定平衡状态。当 $F = F_{cr}$ 时，压杆处于稳定和不稳定平衡之间的临界状态，稍有干扰，压杆即失稳而弯曲，其挠度迅速增加，荷载 F 与压杆上部约 1/3 点的应变关系曲线如图 4-8 所示，理论上应如折线 OAB 所示。但在实验过程中，由于试样可能有初曲率、荷载有微小的偏心及试样的材料不均匀等，压杆在受力后就会发生弯曲，其挠度随荷载的增加而增加。当 $F \ll F_{cr}$ 时，ε 增加缓慢。当 F 接近 F_{cr} 时，虽然 F 增加很慢，但 ε 却迅速增大，如图 4-8 中曲线 $OA'B'$ 所示。曲线 $OA'B'$ 与折线 OAB 的偏离，就是由于初曲率、荷载的偏心等造成的。此影响越大，偏离也越大。实验时，测出 F-ε 曲线即可求出临界荷载 F_{cr}，而曲线 $OA'B'$ 的渐进线 CB' 所对应的荷载，是试样在达到临界荷载后所能承受的最大荷载。

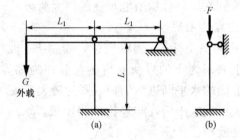

图 4-7　压杆稳定实验原理示意图

(a) 实验原理图；(b) 简化图

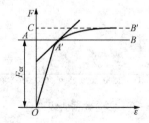

图 4-8　压杆实验应变关系曲线

五、实验步骤

（1）测试试样尺寸及相关尺寸见表 4-4。

表 4-4　　　　　　　　　　　测试试样尺寸及相关尺寸

材料	a (mm)	b (mm)	L (mm)	L_1 (mm)	E (MPa)	μ
不锈钢					210	0.7

（2）拟定加载方案。根据实验装置和试样的尺寸计算出理论的临界荷载 F_{cr}，然后以大于 F_{cr} 荷载 10％的荷载作为试验的最大荷载；将最大荷载合理地分为若干级进行加载。实验中砝码分为 4 类 20 级：500g 5 个、200g 5 个、100g 5 个、50g 5 个。

（3）按照实验装置的要求，安装实验装置；测量电路按照有温度补偿的单臂半桥连接到电阻应变仪上，调整应变仪的读数为零。

（4）加载实验。依次从大到小将砝码加到砝码托架上，每加一个砝码，记录一次应变仪的读数。实验共进行三次，计算应变的平均值 $\bar{\varepsilon}$。

（5）实验完毕，将实验数据交指导教师检查后，可拆除实验装置，放入箱内，清理实验现场。

六、数据处理

求解临界荷载 F_{cr} 的方法有以下两种。

1. 最小二乘法

根据实验数据，拟合算法的基本思想是：利用最小二乘法进行曲线拟合，则拟合曲线上斜率为 1 的点所对应的荷载即为临界荷载。计算步骤如下：

（1）确定拟合曲线。由理论分析和大量实验可知，F-ε 曲线具有以下形式

$$F(\varepsilon) = a - \frac{b}{(\varepsilon + c)^d}$$

其中 a、b、c、d 为待定系数。

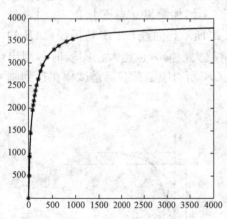

图 4-9　实验数据曲线拟合

（2）通过对实验数据进行曲线拟合，得到 a、b、c、d。拟合曲线（F-ε 曲线）如图 4-9 所示（实线为拟合曲线，星点为实验数据点）。

曲线的切线斜率 $k(\varepsilon)=1$ 时的荷载 F 即为实验杆件的临界荷载 F_{cr}，而实验曲线的水平渐近线则是杆件在达到临界荷载后所能承受的最大荷载。

2. 描点绘图法

以 F 为横坐标，ε 为纵坐标，绘制 F-ε 曲线，找出曲线上斜率为 1 的点所对应的荷载即为临界荷载，对应于曲线的水平渐进线的荷载即为最大荷载。

最大荷载求出后，与理论值相比较，求出相对误差，验证欧拉公式。

七、思考题

（1）失稳现象和屈服现象有何不同？压缩实验和压杆稳定实验的目的有何不同？

（2）影响实验结果的因素有哪些？

（3）能否说试样厚度对临界压力影响极大？

4.4　弯　曲　变　形　实　验

为保证弯曲构件正常工作，不但要求构件有足够的强度，在某些情况下，还要求它们有

足够的刚度。否则，尽管构件的强度足够，也往往由于变形过大而使其不能正常工作。此外，在求解超静定梁的问题时，也需要考虑梁的变形条件。因此，根据工程实际中的需要，为了限制或利用弯曲构件的变形，必须研究梁的变形规律。

一、实验目的

(1) 测试钢梁在受力弯曲时的挠度 y_C 和转角 θ_B，并与理论值进行比较。

(2) 掌握挠度和转角的测试方法。

二、实验仪器

(1) Ⅱ型组合式实验台。

(2) 百分表、游标卡尺、钢卷尺等。

三、实验装置和原理

1. 实验装置

将试样梁一端固定在支座上，另一端简支在另一支座上，如图 4 - 10 所示。

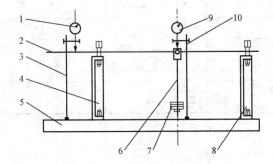

图 4 - 10　梁弯曲变形实验装置

1、9—百分表；2—试样梁；3、10—百分表支架组件；

4—简支支座组件；5—底座；6—砝码托组件；

7—砝码；8—固定支座组件

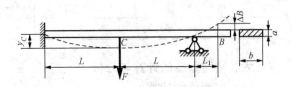

图 4 - 11　梁弯曲变形实验原理示意图

2. 实验原理

(1) 挠度 y_C 的测量。如图 4 - 11 所示，在两支座中点 C 的截面上作用一荷载 F。在荷载 F 的作用下，梁向下弯曲，产生弯曲挠度 y_C。在同一截面上安装一百分表，可直接测出中点的位移 Δ_C，则 $\Delta_C = y_C$。

(2) 转角 θ_B 的测量。测挠度 y_C 的同时，试验梁简支端的外伸端在荷载 F 的作用下将向上翘起。在外伸端距支点一定距离 L_1 的点 B 上安装另一百分表，可以测出 B 点的位移 Δ_B。由于外伸端梁不承受力，因此外伸端梁没有变形，可以认为是梁变形后挠曲线的切线。切线与水平线的夹角 y_C 即为在荷载 F 的作用下梁的倾角。

四、实验步骤

(1) 测量矩形截面梁的尺寸，按实验装置图的要求安装在相应的卡具中，并记下梁截面的几何尺寸，以及 a、b、L、L_1 和材料的弹性模量 E。

(2) 百分表安装在指定位置，并检查百分表是否稳定，指针读数是否均匀。

(3) 加载进行实验。

采用增量法加载。先加一块砝码，作为初荷载 $F_0 = 5N$，记下百分表的初读数；然后逐次加等荷载 $\Delta F = 10N$，并逐次记下百分表上的读数。试验进行三次，取三次增量的平均值记入表中。

（4）实验完毕卸去砝码，拆除实验装置，放入箱内。

（5）试验完成后，将实验数据交实验指导教师查阅后方可离去。

五、实验数据

1. 参考数据

矩形截面钢梁的高度 $a=8$mm，宽度 $b=20$mm，$E=210$GPa，$L=250$mm，$L_1=100$mm。

2. 实验数据

梁弯曲变形实验测量数据见表 4-5。

表 4-5　　　　　　　　　　　　梁弯曲变形实验测量数据

荷载（N）	Δ_C（$\times 10^{-2}$mm）		Δ_B（$\times 10^{-2}$mm）	
	读数	增量	读数	增量
$F_0=5$N				
$F_1=F_0+10=15$N				
$F_2=F_1+10=25$N				
$F_3=F_2+10=35$N				
$F_4=F_3+10=45$N				
平均值			平均值	

六、实验数据的计算与分析

（1）实测值的计算。

1）梁中点 C 的挠度：$y_C=\Delta_C$。

2）梁的转角 θ_B。根据实验原理得 $\tan\theta_B=\dfrac{\Delta_B}{L_1}$，由于 θ_B 一般都很小，故

$$\tan\theta_B \approx \theta_B$$

所以　　　　　　　　　　　　　　　$\theta_B \approx \Delta_B/L_1$

（2）挠度 y_C 和转角 θ_B 的理论值计算。在荷载 F 的作用下，试样梁中点 C 的挠度 y_C 和转角 θ_B 分别为

$$y_C=\frac{F(2L)^3}{48EI_z} \quad \theta_B=\frac{F(2L)^2}{16EI_z} \quad I_z=\frac{ba^3}{12}$$

（3）将实验结果和理论值记入表 4-6 中，进行比较。

表 4-6　　　　　　　　　　　　实验结果和理论值

比较项目	挠度 y_C（mm）	倾角 θ_B（rad）	备　　注
理论值			
实测值			
相对误差（%）			

七、思考题

（1）利用百分表测转角是怎样实现的？

（2）钢梁两端支座各螺栓拧紧与否对实验有何影响？

4.5 悬臂梁实验

一、实验目的

测定悬臂梁上、下表面的应力，验证梁的弯曲理论。

二、实验仪器

(1) 组合式材料力学多功能实验台中悬臂梁实验装置。

(2) 静态数字电阻应变仪。

(3) 游标卡尺、钢板尺。

三、实验原理

将试件固定在实验台架上，并在梁的上、下表面分别粘贴应变片 R_1 和 R_2，如图 4-12 所示。当对梁施加荷载 F 时，梁将产生弯曲变形，在梁内引起应力，通过电阻应变片传感器即可测得梁弯曲时上、下表面变形量的值，并通过电阻应变仪的应变显示窗口显示出来，从而可知悬臂梁上、下表面的应力值。

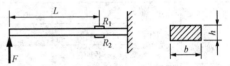

图 4-12 悬臂梁受力简图及应变片粘贴

梁在纯弯曲时，同一截面的上、下表面分别产生压应变和拉应变，且上、下表面产生的拉、压应变绝对值相等。由材料力学知识可知，梁横截面正应力 σ 的计算公式为

$$\sigma = \frac{M}{W_z}$$

式中：M 为弯矩；W_z 为抗弯截面系数。

通过上式计算结果与实验值的比较，以验证梁的弯曲理论。

四、实验方法、步骤

(1) 设计好本实验所需的各类数据表格。

(2) 测量悬臂梁的有关尺寸，确定试件有关参数。

(3) 拟定加载方案。选取适当的初荷载 F_0，估算最大荷载 F_{max}（该实验荷载范围小于或等于 50N），一般分 4～6 级加载。

(4) 实验采用多点测量中半桥单臂公共补偿接线法。将悬臂梁上两点应变片按序号接到电阻应变仪测试通道上，温度补偿片接电阻应变仪公共补偿端。

(5) 按实验要求接好线，调整好仪器，检查整个测试系统是否处于正常工作状态。

(6) 实验加载。均匀慢速加载至初荷载 F_0，记下各点应变片初始读数，然后逐级加载；每增加一级荷载，依次记录各点应变仪的 ε_i，直至终荷载。实验至少重复三次。

(7) 做完实验后，卸掉荷载，关闭电源，整理好所有仪器设备，清理实验现场，将所用仪器设备复原，实验资料交指导教师检查签字。

五、实验数据

1. 试件相关数据

梁的尺寸和有关参数见表 4-7。

表 4 - 7   **梁的尺寸和有关参数**

梁的宽度	$b=$_____mm	弹性模量	$E=210\mathrm{GPa}$
梁的厚度	$h=$_____mm	泊松比	$\mu=0.26$
荷载作用点到测试点距离	$L=$_____mm		

2. 实验数据

实验测量数据见表 4 - 8。

表 4 - 8   **实 验 测 量 数 据**

载荷 （N）		F	10	20	30	40	50	
		ΔF	10		10		10		10	
应变仪 读数 （$\mu\varepsilon$）	R_1	ε_1						
		$\Delta\varepsilon_1$						
		平均值						
	R_2	ε_2						
		$\Delta\varepsilon_2$						
		平均值						

六、实验结果处理

1. 理论计算

$$\sigma = \frac{M}{W_z} = \frac{6\Delta F}{bh^2}$$

2. 实验值计算

$$\sigma = E\varepsilon_{均}$$

3. 理论值与实验值比较

$$\sigma = \frac{\sigma_{理} - \sigma_{实}}{\sigma_{理}} \times 100\%$$

4.6 冲 击 实 验

    冲击荷载是指荷载在与承载构件接触的瞬时内速度发生急剧变化的情况。汽动凿岩机械、锻造机械等所承受的荷载即为冲击荷载。

    冲击荷载作用下，若材料尚处于弹性阶段，其力学性能与静载下基本相同。例如，在这种情况下，钢材的弹性模量 E、泊松比 μ 等都无明显变化。但在冲击荷载作用下材料进入塑性阶段后，其力学性能却与静载下有显著的不同。例如，塑性性能良好的材料，在冲击荷载下，会呈现脆化倾向，发生突然断裂。由于冲击问题的理论分析较为复杂，因而在工程实际中经常以实验手段检验材料的抗冲击性能。

一、实验目的

（1）了解冲击吸收能量的含义。

（2）测定低碳钢和铸铁的冲击吸收能量 K，比较两种材料的抗冲击能力和破坏断口的形貌。

二、实验仪器

冲击试验机。

三、冲击试样

冲击吸收能量 K 的数值与试样的尺寸、缺口形状和支承方式有关。为了对实验结果比较，正确地反映材料的冲击性能，GB/T 229—2007《金属材料　夏比摆锤冲击试验方法》规定的两种形式的试样：一种是 V 形缺口试样，其缺口深度为 2mm 或 8mm，尺寸形状如图 4-13 所示；另一种是 U 形缺口试样，其缺口深度为 2mm 或 8mm，尺寸形状如图 4-14 所示，并且将 V 形缺口深度 2mm 试样的冲击吸收能量记为 KV_2，将 V 形缺口深度 8mm 试样的冲击吸收能量记为 KV_8；将 U 形缺口深度 2mm 试样的冲击吸收能量记为 KU_2，将 U 形缺口深度 8mm 试样的冲击吸收能量记为 KU_8。实验时，两者皆为简支梁形式。试样上开有缺口是为了使缺口区形成高度应力集中，吸收较多的能量。缺口底部越尖锐就更能体现这一要求，所以较多地采用 V 形缺口。为保证尺寸准确，缺口的加工应采用铣削或磨削，无平行于缺口轴线的刻痕。

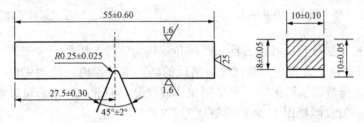

图 4-13　V 形缺口试样

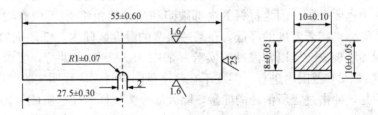

图 4-14　U 形缺口试样

四、实验原理

冲击试验机由摆臂、指针、刻度盘、摆锤、支座、刀刃、控制盒等几部分组成，如图 4-15 所示。实验时，将带有缺口的受弯试样安放于试验机的支座上，举起摆锤使它自由下落将试样冲断。图 4-16 所示为冲击试验机原理图，若摆锤重量为 F，冲击中摆锤的质心高度由 H_1 变为 H_2，势能的变化为 $F(H_1-H_2)$，它等于冲断试样所消耗的功 W，亦即冲击中试样所吸收的功为

$$K = W = F(H_1 - H_2) \tag{4-1}$$

$$\left.\begin{array}{l} H_1 = L(1-\cos\alpha) \\ H_2 = L(1-\cos\beta) \end{array}\right\} \tag{4-2}$$

式中：F 为摆锤的重力，N；L 为摆长（摆轴至锤重心之间的距离），m；α 为冲击前摆锤扬起的最大角度，弧度；β 为冲击后摆锤扬起的最大角度，弧度。

将式（4-2）代入式（4-1），得

$$K = F(H_1 - H_2) = F[L(1 - \cos\alpha) - L(1 - \cos\beta)] = FL(\cos\beta - \cos\alpha)$$

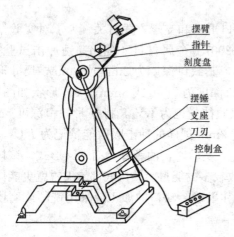

图 4-15　冲击试验机结构

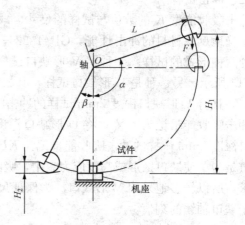

图 4-16　冲击试验机原理图

由于摆锤重量、摆杆长度和冲击前摆锤扬角 α 均为常数，因而只要知道冲断试样后摆锤的升起角 β，即可根据上式算出冲断试样所消耗的功。本试验机已经预先根据上述公式将相当于各升起角 β 的能量数值算出，并直接刻在读数盘上。因此，冲击后可以直接读出试样所吸收的能量，冲击吸收能量用 K 表示，单位为 J（焦耳）。

相同条件下，K 值越大，表明材料的抗冲击性能越好。实验中测定的冲击吸收能量，不能直接应用于工程设计，但可作为抗冲击构件选择材料的重要指标，还可作为检验材质及热处理工艺的一个重要手段。因为材料的内部缺陷和晶粒的粗细对 K 值有明显影响。K 对温度的变化也很敏感，随着温度的降低，在某一狭窄的温度区间内，低碳钢的 K 骤然下降，材料变脆，出现冷脆现象。所以常温冲击实验一般在 18～28℃ 内进行，要求严格时，实验温度为规定温度的 ±2℃ 范围内进行，温度不在这个范围内时，应注明实验温度。

需要注意的是，冲击过程所消耗的能量，除大部分为试样断裂所吸收外，还有一小部分消耗于支座振动方面，只因这部分能量相对较小，一般可以忽略。但它却随实验初始能量的增大而加大，故对 K 值原本就较小的脆性材料，宜选用冲击能量较小的试验机，如果用大能量的试验机将影响实验结果的真实性。

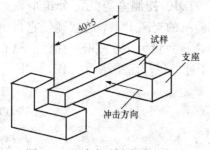

图 4-17　冲击试样安放示意图

五、实验方法、步骤

（1）记录室温，一般在常温（18～28℃）下进行实验。

（2）将刻度盘上指针拨至最大值，然后举起摆锤空打，检查指针是否回到零点，否则应进行校正。

（3）按如图 4-17 所示安放试样，使缺口对称面处于支座跨度中点，偏差小于 ±0.2mm。

（4）将摆锤举至所需位置，然后使其下落冲断试样。记录被动指针在度盘上的读数，即为冲断试样所消耗的功。

（5）摆锤下放到铅垂位置，取下试样，切断电源。

六、实验结果处理

（1）根据试样折断后，记录低碳钢与铸铁的冲击吸收能量 K 值，填入表中，并进行比较。

（2）若试样受冲后未完全折断，报告中应注明"未折断"。

（3）试样断口有明显肉眼可见的夹渣、裂纹，且数据偏低时，实验应重作。如试样卡锤或操作不当，则实验数据无效。

（4）实验数据保留三位有效数字，计算按本书第 5 章的修约规则。

（5）绘出两种试样的断口形貌，指出各自的特征。

实验数据见表 4 - 9。

表 4 - 9 冲击实验测量数据

试样形状	材料	厚度 h(mm)	宽度 b(mm)	冲击吸收能量 K(J)	室温 （℃）
	低碳钢				
	铸铁				
备注					

七、注意事项

（1）安装试样前，严禁高抬摆锤。

（2）摆锤抬起后，在摆锤摆动范围内，切忌站人、行走及放置任何障碍物。

八、思考题

（1）用冲击低碳钢的大能量试验机冲击铸铁试样，能否得到准确结果？

（2）观察冲击试样断口形状有什么意义？

（3）冲击吸收能量 K 的单位是什么？它的物理意义是什么？

（4）为防止材料低荷载断裂，对试样有何要求？对装夹试样有何要求？试验时，开机先于加载吗？

（5）因冲击能量偏低使试件未曾折断，是认为实验无效应重新进行，还是采用"$K>$指示值"的表示方式？

4.7　金属材料的疲劳实验

普通钢筋具有很好的塑性，即使将钢筋弯折 $180°$，钢筋也不会断裂。但如果反复弯曲此钢筋，数次后可能脆断；如果先将钢筋用钢锯切一小深口，那么一两次弯折钢筋就会断裂。随时间交替变化的应力称为交变应力，构件在交变应力作用下发生的失效称为疲劳失效或疲劳破坏，简称疲劳。机器中有很多元件，如轴、齿轮、弹簧等都是在交变应力下工作的。疲劳断裂与静荷断裂不同，很多构件在交变应力作用下，会在远低于材料的强度极限时就发生突然的脆性破坏，断前没有明显的宏观塑性变形，很难事先观察和预防，具有很大的危险性。因此，研究材料的疲劳破坏规律，防止构件的疲劳失效尤为重要。疲劳实验就是测定材料对重复荷载的抗力，作为在交变应力下合理选择材料和设计零件的强度依据。

一、实验目的

(1) 观察金属材料在交变应力下的破坏情况。

(2) 了解疲劳实验的一般方法，加深理解材料疲劳极限的概念。

二、实验仪器

(1) 12 型材料疲劳试验机。

(2) 百分表及表架。

(3) 钢板尺。

三、实验概述

(1) 疲劳实验的基本目的是确定材料的耐久极限应力，通常采用的是旋转弯曲疲劳实验。耐久极限应力指的是，对应于规定循环周次 10^7 或 10^8，施加到试样上而试样没有发生失效的应力范围。

(2) 实验方法：取一组同样的试件（8～12 根），如图 4-18 所示。每根试件选择不同的应力进行实验。第一根试件的最大应力一般为 $(0.6～0.7)\sigma_b$（σ_b 为静荷抗拉强度），记下试件发生破坏的循环数 N，以后每根试件的应力依次减少 20～40N/mm²，直到最后一根试件在规定的循环次数内尚不破坏时为止。最后两根试件（破坏的和未破坏的）的应力差，应不大于 10N/mm²。所得实验结果可绘成以 σ 和 N 为坐标的疲劳曲线（工程上称 S-N 曲线），该曲线渐近线纵坐标即定为材料的耐久极限应力 σ_r（这里 $r=-1$）如图 4-19 所示。

这里介绍的是单点实验法，更精确地测定材料抗疲劳的性能应采用升降法和成组法。

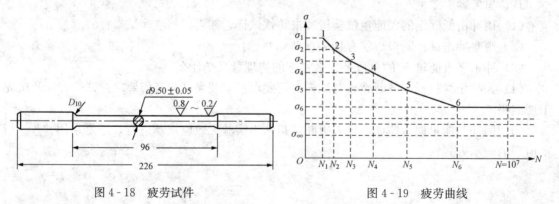

图 4-18　疲劳试件　　　　　　　　　　图 4-19　疲劳曲线

（3）疲劳试验机。本实验采用国产 12 型疲劳试验机进行。该试验机是一种简单支梁式纯弯曲疲劳试验机，原理如图 4-20 所示。试件 1 装在滚筒 2、3 内的弹簧夹头中，砝码 4 通过吊杆作用于试件上，使试件处于纯弯曲受力状态。电动机 5 通过十字轴 6 使试件转动。因此，试件上任一点受对称循环的交变应力，其最大应力值为

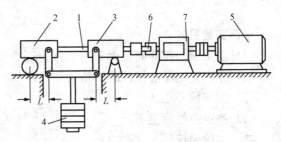

$$\sigma_{\max} = \frac{M_{\max}}{W} = \frac{16PL}{\pi d^3}$$

式中：P 为砝码重量；$L = 100\text{mm}$；d 为试件直径。

图 4-20　疲劳试验机

实验的循环次数通过计数器 7 记录下来。鼓轮 3 下有一自动停车钮，试件断裂后，可自动停车。

四、实验方法、步骤

（1）测定材料的 σ_b，拟定疲劳实验的加载方案。

（2）检查机器连接情况，认为正常后，选择同一规格的试件 8～12 根，安装第一根试件，并进行各项调整和检查。

（3）安装完毕，经教师检查许可后方可开车实验，逐渐加上荷载，并记下计数器初始读数。

（4）试件断裂后，电动机自行停车，记下计数器读数，卸下荷载，取下试件，观察疲劳断口情况。

（5）按上述方法逐根实验，将所得 $\sigma\text{-}N$ 数据描在坐标纸上即可得疲劳曲线，然后求出耐久极限应力 σ_{-1}。

由于材料的疲劳抗力与材料试件形状、尺寸要求、加工精度、实验的工作条件、加荷载变形的形式等因素有关，进行实验需要用较多试件和时间，因此完成一个实验最少也得用一周时间。所以，本次实验只作示范表演，使学生了解耐久极限应力的测量方法。疲劳实验对试件的要求比较严格，同一组试件必须同一规格，而且是同一炉冶炼的，试件表面要求精密加工，经过磨光和抛光，表面无刀痕损伤，试件要严格保证同心度，以消除应力集中的影响。

五、注意事项

（1）开车后，电动机若有杂音，应立即停车检查。

（2）实验进行过程中切勿接近旋转部分，留有长发的女同学应佩戴安全帽，以防止发生伤人事故。

六、思考题

（1）疲劳试样的有效工作部分为什么要磨削加工，不允许有周向加工刀痕？

（2）实验过程中若有明显的振动，会对寿命产生怎样的影响？

（3）若规定循环基数 $N = 10^6$，对黑色金属来说，实验所得的临界应力值 $\sigma_{\max}$ 能否称为 $N = 10^6$ 的耐久极限应力？

4.8 偏心拉伸实验

一、实验目的

（1）测定偏心拉伸时最大正应力，验证叠加原理的正确性。

（2）分别测定偏心拉伸时由拉力和弯矩所产生的应力。

（3）测定偏心距。

（4）测定弹性模量 E。

二、实验原理

偏心拉伸试件，在外荷载作用下，其轴力 $F_N = F$，弯矩 $M = Fe$，其中 e 为偏心距。根据叠加原理，得横截面上的应力为单向应力状态，其理论大小为拉伸应力和弯曲正应力的代数和，即

$$\sigma = \frac{F}{S_0} \pm \frac{6M}{bh^2}$$

偏心拉伸试件及应变片的布置方法如图 4-21 所示，R_1 和 R_2 分别为试件两侧上的两个对称点，则

$$\varepsilon_1 = \varepsilon_p + \varepsilon_m, \quad \varepsilon_2 = \varepsilon_p - \varepsilon_m$$

式中：ε_p 为轴力引起的拉伸应变；ε_m 为弯矩引起的应变。

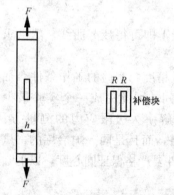

图 4-21　偏心拉伸试件及布片图

根据桥路原理，采用不同的组桥方式，即可分别测出与轴向力及弯矩有关的应变值，从而进一步求得弹性模量 E、偏心距 e、最大正应力和分别由轴力、弯矩产生的应力。

可直接采用半桥单臂方式测出 R_1 和 R_2 受力产生的应变值 ε_1 和 ε_2，通过上述两式算出轴力引起的拉伸应变 ε_p 和弯矩引起的应变 ε_m；也可采用邻臂桥路接法直接测出弯矩引起的应变 ε_m〔采用此接桥方式不需温度补偿片，接线如图 4-22（a）所示〕；采用对臂桥路接法可直接测出轴向力引起的应变 ε_p〔采用此接桥方式需加温度补偿片，接线如图 4-22（b）所示〕。

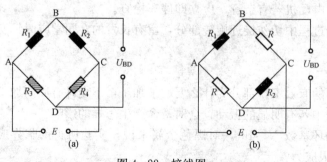

图 4-22　接线图
（a）邻臂桥路接法；（b）对臂桥路接法

三、实验仪器

（1）材料力学多功能实验装置。

（2）静态数字电阻应变仪。

（3）游标卡尺、钢板尺。

四、实验方法、步骤

（1）设计好本实验所需的各类数据表格。

（2）测量试件尺寸。在试件标距范围内，测量试件三个横截面尺寸，取三处横截面面积的平均值作为试件的横截面面积 S_0。

（3）拟定加载方案。先选取适当的初荷载 F_0（一般取 F_0 为 $10\%F_{max}$ 左右），估算 F_{max}，分 4～6 级加载。

（4）根据加载方案，调整好实验加载装置。

（5）按实验要求接好线，调整好仪器，检查整个测试系统是否处于正常工作状态。

（6）加载。均匀缓慢加载至初荷载 F_0，记下各点应变的初始读数；然后分级等增量加载，每增加一级荷载，依次记录应变值 ε_1 和 ε_2，直到最终荷载。实验至少重复两次。半桥单臂测量数据表格，其他组桥方式实验表格可根据实际情况自行设计。

（7）做完实验后，卸掉荷载，关闭电源，整理好所用仪器设备，清理实验现场，将所用仪器设备复原，实验资料交指导教师检查签字。

五、实验数据

1. 试件相关参考数据

试件相关参考数据见表 4 - 10。

表 4 - 10   试 件 相 关 参 考 数 据

试件	厚度 h（mm）	宽度 b（mm）	横截面面积 $A_0 = bh$（mm²）
截面Ⅰ	4.8	30	
截面Ⅱ	4.8	30	
截面Ⅲ	4.8	30	
平均值	4.8	30	

注　弹性模量 $E=206$GPa、泊松比 $\mu=0.26$、偏心距 $e=10$mm。

2. 实验数据

实验测量数据见表 4 - 11。

表 4 - 11   实 验 测 量 数 据

荷载 （N）	F	1000	2000	3000	4000	5000	...
	ΔF	1000		1000		1000		1000	
应变仪读数 （$\mu\varepsilon$）	ε_1						
	$\Delta\varepsilon_1$						
	平均值						
	ε_2						
	$\Delta\varepsilon_2$						
	平均值						

六、实验结果处理

1. 求弹性模量 E

$$\varepsilon_p = \frac{\varepsilon_1 + \varepsilon_2}{2}$$

$$E = \frac{\Delta F}{S_0 \varepsilon_p}$$

2. 求偏心距 e

$$\varepsilon_m = \frac{\varepsilon_1 - \varepsilon_2}{2}$$

$$e = \frac{Ebh^2}{6\Delta F}\varepsilon_m$$

3. 应力计算

理论值
$$\sigma = \frac{F}{S_0} \pm \frac{6M}{bh^2}$$

实验值
$$\sigma_{max} = E(\varepsilon_p + \varepsilon_m)$$
$$\sigma_{min} = E(\varepsilon_p - \varepsilon_m)$$

4.9　电阻应变片灵敏系数标定实验

一、实验目的

掌握电阻应变片灵敏系数 K 值的标定方法。

二、实验内容和原理

进行标定时，一般采用一单向应力状态的试件，通常采用纯弯曲梁或等强度梁。粘贴在试件上的电阻应变片在承受应变时，其电阻相对变化 $\frac{\Delta R}{R}$ 与 ε 之间的关系为

$$\frac{\Delta R}{R} = K\varepsilon$$

因此，通过测量电阻应变片的 $\frac{\Delta R}{R}$ 和试件的 ε，即可得到应变片的灵敏系数 K。本实验采用等强度梁实验装置，如图 4-23 所示。

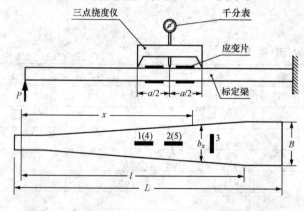

图 4-23　等强度梁灵敏系数标定安装及外形图

在梁等强度段上、下表面沿梁轴线方向粘贴 4 片应变片，在等强度梁等强度段安装一个三点挠度仪。当梁弯曲时，由挠度仪上的千分表可读出测量挠度（即梁在三点挠度仪长度 a 范围内的挠度）。根据材料力学公式和几何关系，可求出等强度梁上、下表面的轴向应变为

$$\varepsilon = \frac{hy}{(a/2)^2 + y^2 + hy}$$

式中：h 为标定梁高度；a 为三点挠度仪长度；y 为挠度。

应变片的电阻相对变化$\frac{\Delta R}{R}$可用高精度电阻应变仪测定。设电阻应变仪的灵敏系数为K_0，读数为ε_d，则

$$\frac{\Delta R}{R} = K_0\varepsilon_d$$

由此可得到应变片灵敏系数 K 的计算式为

$$K = \frac{\frac{\Delta R}{R}}{\varepsilon} = \frac{K_0\varepsilon_d}{hy}\left[\left(\frac{a}{2}\right)^2 + y^2 + hy\right]$$

在标定应变片灵敏系数时，一般把应变仪的灵敏系数调至 $K_0=2.00$，并采用分级加载方式，测量在不同荷载下应变片的读数应变 ε_d 和梁在三点挠度仪长度 a 范围内的挠度 y。

三、实验仪器

（1）材料力学多功能实验装置。

（2）静态数字电阻应变仪。

（3）游标卡尺、钢板尺、千分表、三点挠度仪。

四、实验方法、步骤

（1）设计好本实验所需的各类数据表格。

（2）测量等强度梁的有关尺寸和三点挠度仪长度 a。

（3）拟定加载方案。确定三点挠度仪上千分表的初始读数，估算最大荷载 F_{max}（该实验荷载范围≤50N），确定三点挠度仪上千分表的读数增量，一般分 4～6 级加载。

（4）实验采用多点测量中半桥单臂公共补偿接线法。将等强度梁上各点应变片按序号接到电阻应变仪测试通道上，温度补偿片接电阻应变仪公共补偿端，调节好电阻应变仪灵敏系数，使 $K_0=2.00$。

（5）按实验要求接好线，调整好仪器，检查整个测试系统是否处于正常工作状态。

（6）实验加载。均匀慢速加载至初荷载 F_0。记下各点应变片和三点挠度仪的初始读数，然后逐级加载，每增加一级荷载，依次记录各点应变仪的 ε_i 及三点挠度仪的 y_i，直至终荷载。实验至少重复三次。

（7）做完实验后，卸掉荷载，关闭电源，整理好所用仪器设备，清理实验现场，将所用仪器设备复原，实验资料交指导教师检查签字。

五、实验数据

1. 试件相关参考数据

试件数据及有关参数见表 4 - 12。

表 4 - 12　　　　　　　　试件数据及有关参数

等强度梁厚度	$h=9.3$mm
三点挠度仪长度	$a=200$mm
电阻应变仪灵敏系数（设置值）	$K_0=2.00$
弹性模量	$E=206$GPa
泊松比	$\mu=0.26$

续表

梁的极限尺寸	$L \times B \times h = 526\text{mm} \times 35\text{mm} \times 9.3\text{mm}$
梁的工作尺寸	$l \times B \times h = 430\text{mm} \times 35\text{mm} \times 9.3\text{mm}$
梁的横截面应力	$\sigma = 24.4\text{MPa}$（30N）
梁有效长度段的斜率	$\tan\alpha = 0.0426$

2. 实验数据

实验测量数据见表 4 - 13。

表 4 - 13　　　　　　　　　　　实 验 测 量 数 据

荷载 （N）	F		10	20	30	40	50	…
	ΔF		10	10		10	10	
应变仪 读数 （$\mu\varepsilon$）	R_1	ε_1						
		$\Delta\varepsilon_1$						
		平均值						
	R_2	ε_2						
		$\Delta\varepsilon_2$						
		平均值						
	R_3	ε_3						
		$\Delta\varepsilon_3$						
		平均值						
	R_4	ε_4						
		$\Delta\varepsilon_4$						
		平均值						
挠度值	y							
	Δy							
	平均值							

六、实验结果处理

（1）取应变仪读数应变增量的平均值，计算每个应变片的灵敏系数 K_i。计算公式如下

$$K_i = \frac{\dfrac{\Delta R}{R}}{\varepsilon} = \frac{K_0\varepsilon_\text{d}}{hy}\left(\frac{a^2}{4} + y^2 + hy\right) \quad (i = 1, \cdots, n;\ n = 4)$$

（2）计算应变片的平均灵敏系数 K

$$K = \frac{\sum K_i}{n} \quad (i = 1, \cdots, n;\ n = 4)$$

（3）计算应变片灵敏系数的标准差 S

$$S = \sqrt{\frac{1}{n-1}\sum(K_i - K)^2} \quad (i = 1, \cdots, n;\ n = 4)$$

4.10 等强度梁弯曲正应力实验

一、实验目的

(1) 测定等强度梁弯曲正应力。

(2) 练习多点应变测量方法，熟悉掌握应变仪的使用。

二、实验内容和原理

等强度梁为悬臂梁式，如图 4 - 24 所示。当悬臂梁上加一个荷载时，距加载点 x 距离的横截面上弯矩为

$$M_x = Fx$$

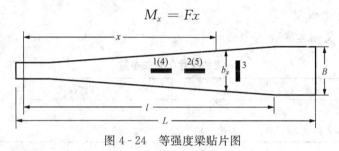

图 4 - 24　等强度梁贴片图

相应横截面上的最大应力为

$$\sigma = \frac{Fx}{W}$$

式中：W 为抗弯横截面模量。

横截面为矩形，b_x 为宽度，h 为厚度，则

$$W = \frac{b_x h^2}{6}$$

因而

$$\sigma = \frac{Fx}{\dfrac{b_x h^2}{6}} = \frac{6Fx}{b_x h^2}$$

所谓等强度，即指各个横截面在力的作用下应力相等，即 σ 值不变。显然，当梁的厚度 h 不变时，梁的宽度必须随着 x 的变化而变化。

等强度梁尺寸：

(1) 梁的极限尺寸，$L \times B \times h = 526\text{mm} \times 35\text{mm} \times 9.3\text{mm}$。

(2) 梁的工作尺寸，$l \times B \times h = 430\text{mm} \times 35\text{mm} \times 9.3\text{mm}$。

三、实验仪器

(1) 材料力学多功能实验装置。

(2) 静态数字电阻应变仪。

(3) 游标卡尺、钢板尺。

四、实验方法、步骤

(1) 设计好本实验所需的各类数据表格。

(2) 测量等强度梁的有关尺寸，确定试件有关参数。

(3) 拟定加载方案。估算最大荷载 F_{max}（该实验荷载范围≤30N），分 3 级加载（每级

10N）。

（4）实验采用多点测量中半桥单臂公共补偿接线法。将等强度梁上选取的测点应变片按序号接到电阻应变仪测试通道上，温度补偿片接电阻应变仪公共补偿端。

（5）按实验要求接好线，调整好仪器，检查整个测试系统是否处于正常工作状态。

（6）实验加载。加载前记下各点应变片初始读数，然后逐级加载，每增加一级荷载，依次记录各点应变仪的 ε_i，直至终荷载。实验至少重复三次。

（7）做完实验后，卸掉荷载，关闭仪器电源，整理好所用仪器设备，清理实验现场，将所用仪器设备复原，实验资料交指导教师检查签字。

五、实验数据

1. 试件相关参考数据

梁的尺寸和有关参考见表 4-14。

表 4-14　　　　　　　　　　　　梁的尺寸和有关参数

距荷载点 x 处梁的宽度	$b_x=$　mm	弹性模量	$E=206\text{GPa}$
梁的厚度	$h=9.3\text{mm}$	泊松比	$\mu=0.26$
荷载作用点到测试点的距离	$x=$　mm		

2. 实验数据

实验测量数据见表 4-15。

表 4-15　　　　　　　　　　　　实 验 测 量 数 据

荷载 （N）		F						
		ΔF						
应变仪 读数 （$\mu\varepsilon$）	R_1	ε_1						
		$\Delta\varepsilon_1$						
		平均值						
	R_2	ε_2						
		$\Delta\varepsilon_2$						
		平均值						
	R_3	ε_3						
		$\Delta\varepsilon_3$						
		平均值						
	R_4	ε_4						
		$\Delta\varepsilon_4$						
		平均值						

六、实验结果处理

1. 理论计算

$$\sigma_{理}=\frac{6Fx}{b_xh^2}$$

2. 实验值计算

$$\sigma_{实} = E\varepsilon_{均}$$

3. 理论值与实验值比较

$$\delta = \frac{\sigma_{理} - \sigma_{实}}{\sigma_{理}} \times 100\%$$

4.11 弯扭管贴片实验

电阻应变测量技术是一种测量构件表面应变的有效方法。粘贴应变片是应变测量准备工作中最重要的环节，直接影响测量精度。应变测量就是将构件表面的变形通过黏结层传递给应变片敏感栅。显然，只有黏结层均匀、牢固、蠕变小，才能保证敏感栅如实再现构件的变形。应变片的粘贴是靠手工操作的，手法掌握得准确与否，取决于实践中的摸索和经验的积累，因此精心操作是十分必要的。

一、实验目的

（1）学会用电测方法对复合受力的构件分离内力和测定一点的应力状态。

（2）初步掌握常温条件下电阻应变片的粘贴技术。

二、实验设备和器材

（1）圆管试样，如图 4-25 所示（材料为中碳钢，弹性模量 206GPa，泊松比 0.28）。

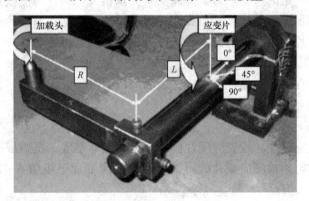

图 4-25　圆管试样及连接装置

（2）电阻应变片每组一包 10 枚。

（3）氰基丙烯酸乙酯黏结剂（502 胶）。

（4）电烙铁、镊子、划线针、砂纸等工具。

（5）丙酮、脱脂棉等清洗器材。

（6）密封用硅橡胶。

（7）导线、引线端子。

（8）多通道电阻应变仪。

（9）材料力学多功能实验台。

（10）游标卡尺、钢板尺。

三、预习要求

1. 布片方案设计要求

该圆管承受弯扭组合作用。实验前要根据圆管的受力特点确定危险截面，分析截面上、下、左、右四个对称点的应力状态，确定截面的危险点。根据受力和应力状态分析，设计布片方案。

该布片方案应满足以下要求：

(1) 能测定一点的应力状态。

(2) 能分离截面内力。

(3) 使用的应变片越少越好。

(4) 根据圣维南原理可知，固定端处有应力集中存在。因此，截面应选在距固定端大于2倍圆管外径的区域。

2. 预习思考题

(1) 圆管受哪些内力作用？它们沿轴向是如何分布的？

(2) 判定危险截面和危险点，画出各危险点的应力状态。

(3) 测定一点平面应力状态时，至少要粘贴几枚应变片？怎样布置最佳？

(4) 如果只测内力，应变片又应如何布置？

(5) 选择布片位置的原则是什么？

(6) 应变片其有一定的尺度，为了提高实验测量精度，布片时应注意什么问题？

为了使实验达到预期效果，实验前要完成预习报告，包括在对圆管受力分析的基础上设计实验方案（包括布片方案、组桥方案及加载方案）和回答思考题。

四、贴片步骤

粘贴应变片时，首先必须保证被测构件表面清洁、平整、无油污，无锈迹，其次要保证粘贴位置准确，再次要选用专用的黏结剂。

基本贴片步骤如下：

(1) 检查和筛选应变片。检查应变片栅线有无断丝，基底、覆盖层有无破损，引线是否牢固。用万用表的欧姆挡检测应变片的阻值，常用的应变片电阻值为 120Ω，每一组应变片的阻值相差不大于 $\pm0.6\Omega$。

(2) 定位。根据测量要求确定测量部位。

(3) 打磨。打磨测量部位的表面，经打磨后应平整、光滑、无锈点。打磨可以先用砂轮初步处理，再用120目的砂纸沿轴线方向呈45°交叉打磨。

(4) 画线。在测量表面用钢针画出十字交叉线。

(5) 清洗。用丙酮浸泡过的棉球清洗贴片部位表面，清除油污，直至棉球不变色为止，最后再用酒精清洗贴片表面。

(6) 贴片。在应变片的底面用由丙酮浸泡过的棉球进行清洗，并均匀地涂满一薄层黏结剂，然后将应变片纵横标线对准十字交叉线后，覆盖上聚四氟乙烯薄膜，用手指滚压。常用的黏结剂有502快干胶或其他常温、高温固化胶。

(7) 检查贴片质量。观察应变片与被测表面之间有无气泡，如有气泡则说明没有贴牢，必须铲掉重贴。

(8) 粘贴引线端子。尽量靠近应变片的基底，粘贴前用砂纸将引线端子表面的氧化层打掉。

（9）焊线。将应变片的两根引线拉起并焊接到引线端子上，去除多余的引线，再将两根导线焊到端子上。

（10）检查应变片电阻。应变片电阻应与标称值相符。

（11）烘干。用热风机吹应变片表面，加速胶层的固化和水分的蒸发，以利于提高绝缘电阻值。绝缘电阻不小于 200MΩ。重要场合应用 100V 的绝缘电阻表检测，绝缘电阻应大于 500MΩ。

（12）密封。常用硅橡胶来密封应变片，以便长期使用。

五、实验内容

将电阻片按布片方案粘贴好并引出导线后，完成以下测试内容：

（1）测量圆管的几何尺寸。

（2）根据实验室给出的圆管材料许可应力值计算许可荷载，设计加载方案。

（3）按加载方案加载，用不同的组桥方案分别进行测定一点应力状态和分离内力的实验。

（4）为了检查实验的重复性和可靠性，每个实验方案应进行三次，取其平均值。

六、报告要求

实验报告应包括本组应变片布置方案、原始及实测数据、数据处理结果、实验结果分析等内容。

第 5 章 实验数据的统计分析

5.1 有 效 数 字

一、测量值的有效数字位数

在测量数据的表示和计算中，确定用几位有效数字是很重要的，它取决于测量手段（量具、仪器、仪表）的分辨率。测量时应估读到仪表刻度上最小分格的分数，测量值的原始数据只应保留一位不确定数字。如用精度为 0.02mm 的游标卡尺测量试样直径 d_0，其读数为 10.12mm，末位数 2 是估读的，它可能有上下一个单位的出入，因此是不准确的。

二、有效数字的运算法则

处理实验数据时，往往需要对不同精度的有效数字进行运算，既要保证必要的精度，又要避免过繁的计算。原则上，运算值只应保留一位不确定数字。

（1）记录测量值时，只保留一位可疑数字（即估读数）。

（2）加减运算时，对参加运算的各测量值应统一小数点后的位数，并且是以各测量值中小数点的位数最少者为准。如 12.43＋16.2＋13.012 应写为 12.4＋16.2＋13.0＝41.6 而不应写为 41.642。

（3）乘除运算（包括乘方、开方）时，各因子保留的位数以有效位数最少的为准，运算结果保留的位数也只能与各因子中位数最少的相同。如为不同单位的量相乘除后得到的复合单位量，则各因子可保留原有位数进行运算，所得结果的位数，按该物理量的常有精度确定。如用拉伸试验测量低碳钢的屈服点 $R_{eL}(\sigma_s)$，现测得试样原始直径 $d_0＝10.04$mm，屈服荷载为 $F_{eL}＝18.4$kN，根据 GB/T 228.1—2010《金属材料拉伸试验 第 1 部分：室温试验方法》，其横截面积 A_0 由 79.17mm^2 修约为 79.2mm^2，R_{eL}（σ_s）由 232.3N/mm^2 修约为 $\sigma_s＝230$N/mm^2。

（4）对于四个以上的数据，其算术平均值的有效数字可增加一位。

（5）表示精度时，一般只取一位有效数字，最多两位。

三、实验数据的尾数处理及修约规则

根据 GB/T 8170—2008《数值修约规则与极限数值的表示和判定》，对实验数据、计算的数据进行修约，按照下列"四舍五入"规则进行。

1. 确定修约间隔

（1）指定修约间隔为 10^{-n}（n 为正整数），或指明将数值修约到 n 位小数。

（2）指定修约间隔为 1，或指明将数值修约到"个"数位。

（3）指定修约间隔为 10^n（n 为正整数），或指明将数值修约到"十"数位，或指明将数值修约到"十"、"百"、"千"……数位。

2. 进舍规则

（1）拟舍弃数字的最左一位数字小于 5，则舍去，保留其余各位数字不变。例：将 12.1498 修约到个数位，得 12；将 12.1498 修约到一位小数，得 12.1。

（2）拟舍弃数字的最左一位数字大于 5，则进一，即保留数字的末位数字加 1。例：将

1268 修约到"百"数位，得 13×10^2（特定场合可写为 1300）。

注：本标准示例中，"特定场合"系指修约间隔明确时。

（3）拟舍弃数字的最左一位数字是 5，且其后有非 0 数字时进一，即保留数字的末位数字加 1。

例：将 10.5002 修约到个数位，得 11。

（4）拟舍弃数字的最左一位数字为 5，且其后无数字或皆为 0 时，若所保留的末位数字为奇数（1、3、5、7、9）则进一，即保留数字的末位数字加 1；若所保留的末位数字为偶数（0、2、4、6、8），则舍去。

例 1：修约间隔为 0.1（或 10^{-1}）。

拟修约数值　　　　　修约值

1.050　　　　　　　　10×10^{-1}（特定场合可写为 1.0）

0.35　　　　　　　　　4×10^{-1}（特定场合可写为 0.4）

例 2：修约间隔为 1000（或 10^3）。

拟修约数值　　　　　修约值

2500　　　　　　　　2×10^3（特定场合可写为 2000）

3500　　　　　　　　4×10^3（特定场合可写为 4000）

（5）负数修约时，先将其绝对值按（1）～（4）的规定进行修约，然后在所得值前面加上负号。

例 1：将下列数字修约到"十"数位。

拟修约数值　　　　　修约值

−355　　　　　　　　-36×10（特定场合可写为 −360）

−325　　　　　　　　-32×10（特定场合可写为 −320）

例 2：将下列数字修约到三位小数，即修约间隔为 10^{-3}。

拟修约数值　　　　　修约值

−0.0365　　　　　　　-36×10^{-3}（特定场合可写为 −0.036）

3. 不允许连续修约

（1）拟修约数字应在确定修约间隔或指定修约数位后一次修约获得结果，不得多次按前面的进舍规则连续修约。

例 1：修约 97.46，修约间隔为 1。

正确的做法：97.46→97；

不正确的做法：97.46→97.5→98.0。

例 2：修约 15.454 6，修约间隔为 1。

正确的做法：15.454 6→15；

不正确的做法：15.454 6→15.455→15.46→15.5→16。

（2）在具体实施过程中，有时测试与计算部门先将获得数值按指定的修约数位多一位或几位报出，而后由其他部门判定。为避免产生连续修约的错误，应按下述步骤进行：

1）报出数值最右的非零数字为 5 时，应在数值右上角加"＋"或加"−"，或不加符号，分别表明已进行过舍、进或未舍未进。

例：16.50⁺ 表示实际值大于 16.50，经修约舍弃为 16.50；16.50⁻ 表示实际值小于

16.50，经修约进一为16.50。

2）如需对报出值进行修约，当拟舍弃数字的最左一位数字为5，且其后无数字或皆为零时，数值右上角有"＋"者进一，有"－"者舍去，其他仍按前面的进舍规则进行。

例：将下列数字修约到个数位（报出值多留一位至一位小数）。

实测值	报出值	修约值
15.454 6	15.5⁻	15
−15.454 6	−15.5⁻	−15
16.520 3	16.5⁺	17
−16.520 3	−16.5⁺	−17
17.500 0	17.5	18

4. 0.5 单位修约与 0.2 单位修约

对数值进行修约时，若有必要，也可采用 0.5 单位修约或 0.2 单位修约。

（1）0.5 单位修约（半个单位修约）。

1）0.5 单位修约是指按指定修约间隔对拟修约的数值 0.5 单位进行的修约。

2）0.5 单位修约方法如下：将拟修约数值 X 乘以 2，按指定修约间隔对 $2X$ 依前面的进舍规则进行修约，所得数值（$2X$ 修约值）再除以 2。

例：将下列数字修约到"个"数位的 0.5 单位修约。

拟修约数值 X	$2X$	$2X$ 修约值	X 修约值
60.25	120.50	120	60.0
60.38	120.76	121	60.5
60.28	120.56	121	60.5
−60.75	−121.50	−122	−61.0

（2）0.2 单位修约。

1）0.2 单位修约是指按指定修约间隔对拟修约的数值 0.2 单位进行的修约。

2）0.2 单位修约方法如下：将拟修约数值 X 乘以 5，按指定修约间隔对 $5X$ 依前面的进舍规则进行修约，所得数值（$5X$ 修约值）再除以 5。

例：将下列数字修约到"百"数位的 0.2 单位修约。

拟修约数值 X	$5X$	$5X$ 修约值	X 修约值
830	4150	4200	840
842	4210	4200	840
832	4160	4200	840
−930	−4650	−4600	−920

5.2　实　验　误　差

一、实验误差分析的目的

实验误差分析的目的在于解决以下两个方面的问题：

（1）根据实验误差的来源，正确地处理实验数据，使其最大限度地反映真值。

（2）根据实验的目的和要求，确定实验中各物理量量测的精度，即设计采用什么样精度的仪器以达到要求。

二、实验误差的分类

实验中产生的误差，按其性质可分为三大类，即粗大误差、系统误差和偶然误差。

1. 粗大误差

由于实验者在量测或计算时粗心大意所造成的数值很大的误差称为粗大误差。粗大误差的出现一般是偶然的，符号不定，数值很大，它的存在显著地歪曲了测量的结果。没有剔除粗大误差的实测结果是不能采用的，否则会导致错误的结论。

2. 系统误差

系统误差也称经常误差，其特点是在整个量测过程中始终有规律地存在。系统误差可以是一个定值，也可以是按一定规律变化的变量。

系统误差一般不会太大，但不易发现，且不能依靠增加量测的次数减小或消除。其来源有：

（1）工具误差：由于测量仪器或工具结构上的不完善或零部件制造时的缺陷与偏差造成的。

（2）调整误差：由于测量前未能将仪器安装在正确的位置造成的。

（3）习惯误差：由于实验观测者特有的感觉特点造成的。

（4）条件误差：由于实验过程中条件变化造成的。

（5）方法误差：由于采用的测量方法或数学处理方法不完善造成的。

3. 偶然误差

由许多暂时尚未被掌握但影响微小的规律，或一时不便于控制的微小因素所造成的误差，其大小和符号具有偶然性质，不能事先得知，因此无法在测量数据中予以修正或消除。这样的误差称为偶然误差或随机误差。偶然误差通常由下列三个方面的原因造成：

（1）测量工具带来的误差。

（2）测量方法带来的误差。

（3）测量条件带来的误差。

在以上三种实验误差中，粗大误差和系统误差可以通过采取一定的措施予以消除，而偶然误差的出现是无法防止的，但可以根据误差理论加以控制，减小其对实验结果的影响，因此偶然误差是误差理论的研究对象。

三、误差的表示

误差可用绝对误差和相对误差两种基本方式来表示。

1. 绝对误差

绝对误差就是某量值的测量值与真值（或约定真值）之差。一般所说的误差就是绝对误差。由于实际测量值可能大于或小于被测量值的真值，故绝对误差可以为正值或负值。

2. 相对误差

相对误差是绝对误差与被测量的真值的比值，一般用百分比（％）表示。

四、误差对实验结果的影响

误差的存在会直接影响实验结果与真实值的接近程度。通常用于表示这种接近程度的量称为精度，它与误差大小是相对应的。即测量的精度越高，其测量误差就越小；反之，测量精度越低，则测量误差越大。

1. 系统误差和随机误差的影响

由于系统误差和随机误差的性质不同，对精度的影响表现在准确度和精密度两个方面。

（1）准确度：反映系统误差对实验结果的影响程度，表示测量值和真值的偏离程度。准确度高即表明系统误差小。

（2）精密度：表示测得值分布的密集程度，反映随机误差对测量结果的影响程度。精密度高即表明随机误差小。

系统误差和随机误差的综合误差决定测量的精度。精度在数量上可以用相对误差来表示。

2. 过失误差的影响

过失误差对实验结果的影响表现在使实验结果产生明显的歪曲，因而影响实验结果的可信度。在一个测量序列中，可能出现个别过大或过小的测定值，其中就包含有过失误差，也可能包含有巨大的随机误差。这种测定值通常称为异常数据。对异常数据的取舍必须持十分谨慎的态度，对于原因不明的异常数据，只能用统计学的准则决定取舍。

五、误差的处理

要根据具体原因尽可能地消除或减小误差，这里介绍几种常用的方法。

1. 系统误差的消除

（1）对称法。利用对称法进行实验可以消去由于荷载偏心等所引起的系统误差。如在做拉伸实验时，总是在试件两侧对称地装上引伸仪测量变形，取两侧变形的平均值来表示试件的变形，就可以消去荷载偏心的影响。

（2）校正法。经常对实验仪表进行校正，以减小因为仪表不准造成的系统误差。如电阻应变仪的灵敏系数度盘，应定期用标准应变模拟仪进行校准。

（3）增量法。增量法也就是逐级加载法。增量法可以避免某些系统误差的影响。如材料试验机如果有摩擦力 F_f（常量）存在，则每次施加于试件上的真力为 F_1+F_f、F_2+F_f、…、再取其增量 $\Delta F=(F_1+F_f)-(F_2+F_f)=F_1+F_2$，摩擦力 F_f 便消除了。

（4）用修正值消除系统误差。事先将测量仪器和设备的系统误差鉴定或计算出来，确定修正方式。利用修正表或修正曲线，在实验结果的基础上加上相应的修正值，以消除系统误差的影响。需要说明的是，修正值本身包含有一定的误差，因此这种方法不可能将全部系统误差消除掉。对这种残留的系统误差，应按随机误差进行处理。

另外，实验人员还应该提高自己的理论和业务水平，以减少由于操作方案选择不当、方法不正确或者实验习惯不良造成的实验误差，如电测实验中，采用合理的组桥方式即可消除温度对实验结果的影响和提高测量灵敏度。

2. 误差的估算

（1）相对误差与绝对误差的估算。在材料力学实验中，误差一般习惯于用相对误差表示，因为在衡量一个测量数据的精确度时，不能单独从误差的绝对值来考虑。例如，测量 1m 的长度时，有 1mm 的误差并不算坏的测量，但若测量 1cm 的长度有 1mm 的误差，那就不理想了。

1）已知理论值（设其值为 T），各次测量值的算术平均值为 $\bar{x}$，则相对误差为

$$\delta = \frac{T-\bar{x}}{T} \times 100\%$$

在验证理论的实验中多用上式表示。

2）有时理论值未知，但测量结果本身的最大误差可根据仪器的精确度来确定，设其为 a，则

$$\delta = \frac{a}{x} \times 100\%$$

（2）间接测量误差的估计。在材料力学实验中，有些物理量，如弹性模量 E 不是直接测量到的，而是先测量横截面积 A、长度 L、荷载 F 及变形 ΔL，然后通过计算得到的。上述每个物理量在测量中都存在误差，由此必然导致弹性模量 E 也产生误差，这就是间接误差。所以，需要根据各个量的直接误差来估计间接误差。

设物理量 $y = f(x_1、x_2、\cdots、x_n)$，$x_1$、$x_2$、$\cdots$、$x_n$ 是直接测得的独立物理量，每个物理量的绝对误差为 Δx_1、Δx_2、$\cdots$、Δx_n，因此引起物理量的绝对误差为

$$\Delta y = f(x_1 + \Delta x_n, \Delta x_2 + \Delta x_2, \cdots, x_n + \Delta x_n) - f(x_1, x_2, \cdots, x_n)$$

根据泰勒公式将上式展开并略去高阶微量，得

$$\Delta y = \frac{\partial f}{\partial x_1} \Delta x_1 + \frac{\partial f}{\partial x_2} \Delta x_2 + \cdots + \frac{\partial f}{\partial x_n} \Delta x_n$$

其相对误差为

$$\delta y = \frac{\Delta y}{y} = \frac{x_1}{y} \frac{\partial f}{\partial x_1} \frac{\Delta x_1}{x_1} + \frac{x_2}{y} \frac{\partial f}{\partial x_2} \frac{\Delta x_2}{x_2} + \cdots + \frac{x_n}{y} \frac{\partial f}{\partial x_n} \frac{\Delta x_n}{x_n}$$

式中，$\frac{\Delta x_1}{x_1}$、$\frac{\Delta x_2}{x_2}$、$\cdots$、$\frac{\Delta x_n}{x_n}$ 为各独立物理量的相对误差，记为 δx_1、δx_2、$\cdots$、δx_n，则

$$\delta y = \frac{x_1}{y} \frac{\partial f}{\partial x_1} \delta x_1 + \frac{x_2}{y} \frac{\partial f}{\partial x_2} \delta x_2 + \cdots + \frac{x_n}{y} \frac{\partial f}{\partial x_n} \delta x_n$$

下面给出由上式导出的几种常用函数相对误差计算公式。

1）积的误差

$$y = x_1 x_2 \cdots x_n$$
$$\delta y = \delta x_1 + \delta x_2 + \cdots + \delta x_n$$

2）商的误差

$$y = \frac{x_1}{x_2}$$
$$\delta y = \delta x_1 + \delta x_2$$

3）幂函数的误差

$$y = x^n$$
$$\delta y = n \delta x$$

4）开方误差

$$y = x^{\frac{1}{n}}$$
$$\delta y = \frac{1}{n} \delta x$$

3. 测量不确定度

（1）不确定度的概念及计算。测量不确定度是与测量结果相关联的参数，表征测量值的分散性、准确性和可靠程度，或者说它是被测量值在某一范围内的一个评定。国际标准化组

织 ISO、国际电工委员会 IEC、国际计量局 BIPM、国际法制计量组织 OIML、国际理论化学与应用化学联合会 IUPAC、国际理论物理与应用物理联合会 IUPAP、国际临床化学联合会 IFCC 等 7 个国际组织，于 1993 年联合发布了《测量不确定度表示指南》（Guide to the Expression of Uncertainty in Measurement，简称 GUM）。我国于 1999 年，经国家质量技术监督局批准，颁布实施由全国法制计量技术委员会提出的《测量不确定度评定与表示》（JJF1059—1999），适用范围包括国家计量基准、标准物质、测量及测量方法、计量认证和实验室认可、测量仪器的校准和检定、生产过程的质量保证和产品的检验和测试、贸易结算以及资源测量等测量技术领域。

不确定度依据其评定方法可以分为 A、B 两类，它们与过去"随机误差"与"系统误差"的分类之间不存在简单的对应关系。"随机"与"系统"表示误差的两种不同的性质；A 类与 B 类表示不确定度的两种不同的评定方法。将不确定度分为 A 类与 B 类，仅为讨论方便，并不意味着两类评定之间存在着本质上的区别，它们都基于概率分布，并都用方差或标准差表征。

一个完整的测量结果不仅要给出该测量值的大小，同时还应给出它的不确定度，用不确定度来表征测量结果的可信赖程度，测量结果应写成下列标准形式

$$X = \bar{x} \pm U(\text{单位}), \quad U_r = \pm \frac{U}{\bar{x}} \times 100\%$$

式中：X 为测量值，对等精度多次测量而言；$\bar{x}$ 是多次测量的算术平均值；U 为不确定度；U_r 为相对不确定度。

1）A 类标准不确定度。A 类标准不确定度是在一系列重复测量中，用统计方法计算的分量。它的表征值用平均值的标准偏差表示，即

$$U_A = \sqrt{\frac{\sum_{i=1}^{n}(x_i - \bar{x})^2}{n(n-1)}} = \sigma_x / \sqrt{n}$$

考虑到有限次测量服从 t 分布，A 类标准不确定度应表示为

$$U_A = t_P \sqrt{\frac{\sum_{i=1}^{n}(x_i - \bar{x})^2}{n(n-1)}} = t_P \sigma_x / \sqrt{n}$$

在重复性条件下所得的测量不确定度，通常比用其他评定方法所得的不确定度更为客观，并具有统计学的严格性，但要求有充分的重复次数。此外，这一测量过程的重复观测值应相互独立。例如，测量仪器的调零是测量程序的一部分，重新调零应称为重复性的一部分。

2）B 类标准不确定度。测量中凡是不符合统计规律的不确定度统称为 B 类不确定度，记为 U_B。B 类标准不确定度的信息来源一般有：以前的观测数据；对有关技术资料和测量仪器特性的了解和经验；生产部门提供的技术说明文件；校准证书、鉴定证书或其他文件提供的数据、准确度等级等；手册或某些资料给出的参考数据及其不确定度。

对一般有刻度的量具和仪表，估计误差在最小分格的 $1/10 \sim 1/5$，通常小于仪器的最大允差 $\Delta_仪$。所以通常以 $\Delta_仪$ 表示一次测量结果的 B 类不确定度。

实际上，仪器的误差在 $[-\Delta_仪, \Delta_仪]$ 范围内是按一定概率分布的。一般而言，U_B 与

$\Delta_{仪}$ 的关系为

$$U_B = \Delta_{仪} / C$$

C 称为置信系数。

正态分布条件下，测量值的 B 类不确定度 $U_B = k_P u_B = k_P \Delta_{仪} / C$，$k_P$ 称为置信因子，置信概率 P 与 k_P 的关系见表 5‑1。

P	0.500	0.683	0.900	0.950	0.955	0.990	0.997
k_P	0.675	1	1.65	1.96	2	2.58	3

表 5‑1　　　　　　　　　　　　置信概论 P 和 k_P 的关系

根据概率统计理论，在均匀分布函数条件下，一次测量值的 B 类不确定度 $U_B = k_P u_B = k_P \Delta_{仪}/C$，$C = \sqrt{3}$，当 $P = 0.683$ 时，$k_P = 1$，即 $U_B = \Delta_{仪}/\sqrt{3}$。在正态分布条件下，一次测量值的 B 类不确定度 $U_B = k_P u_B = k_P \Delta_{仪}/C$，$C = 3$，当 $P = 0.683$ 时，$k_P = 1$，即 $U_B = \Delta_{仪}/3$。

3）合成标准不确定度和扩展不确定度。假设测量误差在 $[-\Delta_B, \Delta_B]$ 范围内服从正态分布，这时 B 类标准不确定度为 $U_B = \Delta_B/C$，测量值的合成标准不确定度为

$$U = \sqrt{U_A^2 + U_B^2} \quad (P = 0.68)$$

将合成标准不确定度乘以一个与一定置信概率相联系的包含因子（或称覆盖因子）K，得到增大置信概率的不确定度，叫作扩展不确定度。

若置信概率为 0.95，$K = 2$，则

$$U_{0.95} = 2U_{0.68} = 2\sqrt{U_A^2 + U_B^2} \quad (P = 0.95)$$

若置信概率为 0.99，$K = 3$，则

$$U_{0.99} = 3U_{0.68} = 3\sqrt{U_A^2 + U_B^2} \quad (P = 0.99)$$

（2）测量结果的表示。根据所用的置信概率，测量结果的最终表达式为

$$X = \overline{x} \pm U_{0.68} \quad (P = 0.68)$$
$$X = \overline{x} \pm U_{0.95} \quad (P = 0.95)$$
$$X = \overline{x} \pm U_{0.99} \quad (P = 0.99)$$

式中：$\overline{x}$ 为不含系统误差的测量结果，通常就是测量列的平均值。不确定度取 1 位或 2 位有效数字，测量值 X 的最后一位与不确定度的最后一位对齐。

（3）标准不确定度的传递与合成。

间接测量量

$$y = f(x_1, x_2, \cdots, x_n)$$

其中 x_1，x_2，$\cdots$，x_n 如果为相互独立的直接测量量，则有间接测量量的不确定度

$$U^2(y) = \sum_{i=1}^{n} \left(\frac{\partial y}{\partial x_i} \right)^2 U^2(x_i)$$

其中 $U(x_i)$ 为测量量 x_i 的标准不确定度。常用的函数不确定度传递公式见表 5‑2。

间接测量结果不确定度的求解步骤如下：

1）对函数求全微分（对加减法），或先取对数再求全微分（对乘除法）。

2）合并同一分量的系数。合并时，有的项可以相互抵消，从而得到最简单的形式。

3）系数取绝对值。

4）将微分号变为不确定度符号。

5）求平方和。

表 5 - 2　　　　　　　　　　常用的函数不确定度传递公式

函数表达式	传递（合成）公式
$W = x \pm y$	$U_W = \sqrt{U_x^2 + U_y^2}$
$W = xy$	$\dfrac{U_W}{W} = \sqrt{\left(\dfrac{U_x}{x}\right)^2 + \left(\dfrac{U_y}{y}\right)^2}$
$W = x/y$	$\dfrac{U_W}{W} = \sqrt{\left(\dfrac{U_x}{x}\right)^2 + \left(\dfrac{U_y}{y}\right)^2}$
$W = \dfrac{x^k y^n}{z^m} kx$	$\dfrac{U_W}{W} = \sqrt{k^2\left(\dfrac{U_x}{x}\right)^2 + n^2\left(\dfrac{U_y}{y}\right)^2 + m^2\left(\dfrac{U_z}{z}\right)^2}$
$W = kx$	$U_W = kU_x, \dfrac{U_W}{W} = \dfrac{U_x}{x}$
$W = k\sqrt{x}$	$\dfrac{U_W}{W} = \dfrac{1}{2}\dfrac{U_x}{x}$
$W = \sin x$	$U_W = |\cos x| U_x$
$W = \ln x$	$U_W = \dfrac{U_x}{x}$

5.3　材料力学实验中常用的数据处理方法

实验中测量得到的许多数据需要处理后才能表示测量的最终结果。对实验数据进行记录、整理、计算、分析、拟合等，从中获得实验结果和寻找物理量变化规律或经验公式的过程就是数据处理。它是实验方法的一个重要组成部分，是实验课的基本训练内容。本章主要介绍列表法、作图法、图解法、逐差法和最小二乘法。

一、列表法

列表法就是将一组实验数据和计算的中间数据依据一定的形式和顺序列成表格。列表法可以简单明确地表示出物理量之间的对应关系，便于分析和发现资料的规律性，也有助于检查和发现实验中的问题。设计记录表格时要做到：

（1）表格设计要合理，以利于记录、检查、运算和分析。

（2）表格中涉及的各物理量，其符号、单位及量值的数量级均要表示清楚，但不要把单位写在数字后。

（3）表中数据要正确反映测量结果的有效数字和不确定度。列入表中的除原始数据外，计算过程中的一些中间结果和最后结果也可以列入表中。

（4）表格要加上必要的说明。实验室所给的数据或查得的单项数据应列在表格的上部，说明写在表格的下部。

二、作图法

作图法是在坐标纸上用图线表示物理量之间的关系，揭示物理量之间的联系。作图法具有简明、形象、直观、便于比较研究实验结果等优点，是一种最常用的数据处理方法。

作图法的基本规则是：

（1）选择图纸。作图纸有直角坐标纸（即毫米方格纸）、对数坐标纸和极坐标纸等，根据作图需要选择。在物理实验中比较常用的是毫米方格纸。

（2）曲线改直。由于直线最易描绘，且直线方程的两个参数（斜率和截距）也较易算得，因此对于两个变量之间的函数关系是非线性的情形，在用图解法时应尽可能通过变量代换将非线性的函数曲线转变为线性函数的直线。下面为几种常用的变换方法：

1）$xy=c$（c 为常数）。令 $z=\dfrac{1}{x}$，则 $y=cz$，即 y 与 z 为线性关系。

2）$x=c\sqrt{y}$（c 为常数）。令 $z=x^2$，则 $y=\dfrac{1}{c^2}z$，即 y 与 z 为线性关系。

3）$y=ax^b$（a 和 b 为常数）。等式两边取对数得，$\lg y=\lg a+b\lg x$。于是，$\lg y$ 与 $\lg x$ 为线性关系，b 为斜率，$\lg a$ 为截距。

4）$y=ae^{bx}$（a 和 b 为常数）。等式两边取自然对数得，$\ln y=\ln a+bx$。于是，$\ln y$ 与 x 为线性关系，b 为斜率，$\ln a$ 为截距。

（3）确定坐标比例与标度。合理选择坐标比例是作图法的关键所在。作图时通常以自变量作横坐标（x 轴），因变量作纵坐标（y 轴）。坐标轴确定后，用粗实线在坐标纸上描出坐标轴，并注明坐标轴所代表物理量的符号和单位。

坐标比例是指坐标轴上单位长度（通常为 1cm）所代表的物理量大小。坐标比例的选取应注意以下几点：

1）原则上做到数据中的可靠数字在图上应是可靠的，即坐标轴上的最小分度（1mm）对应于实验数据的最后一位准确数字。坐标比例选得过大会损害数据的准确度。

2）坐标比例的选取应以便于读数为原则，常用的比例为 1∶1、1∶2、1∶5（包括 1∶0.1、1∶10…），即每厘米代表 1、2、5 倍率单位的物理量。切勿采用复杂的比例关系，如1∶3、1∶7、1∶9 等，这样不但不易绘图，而且读数困难。

坐标比例确定后，应对坐标轴进行标度，即在坐标轴上均匀地（一般每隔 2cm）标出所代表物理量的整齐数值，标记所用的有效数字位数应与实验数据的有效数字位数相同。标度不一定从零开始，一般用小于实验数据最小值的某一数作为坐标轴的起始点，用大于实验数据最大值的某一数作为终点，这样图纸可以被充分利用。

（4）数据点的标出。实验数据点在图纸上用"＋"符号标出，符号的交叉点正是数据点的位置。若在同一张图上作几条实验曲线，各条曲线的实验数据点应该用不同符号（如×、⊙等）标出，以示区别。

（5）曲线的描绘。由实验数据点描绘出平滑的实验曲线，连线要用透明直尺或三角板、曲线板等拟合。根据随机误差理论，实验数据应均匀分布在曲线两侧，与曲线的距离尽可能小。个别偏离曲线较远的点，应检查标点是否错误，若无误则表明该点可能是错误数据，连线时不予考虑。对于仪器仪表的校准曲线和定标曲线，连接时应将相邻的两点连成直线，整个曲线呈折线状。

（6）注解与说明。在图纸上要写明图线的名称、坐标比例及必要的说明（主要指实验条件），并在恰当的地方注明作者姓名、日期等。

（7）直线图解法求待定常数。直线图解法首先是求出斜率和截距，进而得出完整的线性方程。其步骤如下：

1）选点。在直线上紧靠实验数据两个端点内侧取两点 $A(x_1，y_1)$、$B(x_2，y_2)$，并用不同于实验数据的符号标明，在符号旁边注明其坐标值（注意有效数字）。若选取的两点距离较近，计算斜率时会减少有效数字的位数。这两点既不能在实验数据范围以外取点，因为它已无实验根据，也不能直接使用原始测量数据点计算斜率。

2）求斜率。设直线方程为 $y = a + bx$，则斜率为

$$b = \frac{y_2 - y_1}{x_2 - x_1}$$

3）求截距。截距的计算公式为

$$a = y_1 - bx_1$$

三、逐差法

对随等间距变化的物理量 x 进行测量和函数可以写成 x 的多项式时，可用逐差法进行数据处理。例如，一空载长为 x_0 的弹簧，逐次在其下端加挂质量为 m 的砝码，测出对应的长度 x_1、x_2、…、x_5，为求每加一单位质量的砝码的伸长量，可将数据按顺序对半分成两组，将两组对应项相减有

$$\frac{1}{3}\left(\frac{x_3 - x_0}{3m} + \frac{x_4 - x_1}{3m} + \frac{x_5 - x_2}{3m}\right) = \frac{1}{9m}\left[(x_3 + x_4 + x_5) - (x_0 + x_1 + x_2)\right]$$

这种对应项相减，即逐项求差法简称逐差法。它的优点是尽量利用了各测量量，而又不减少结果的有效数字位数，是实验中常用的数据处理方法之一。

注意：逐差法与作图法一样，都是一种粗略处理数据的方法，在普通物理实验中，经常用到这两种基本的方法。使用逐差法时要注意以下两个问题：

（1）在验证函数表达式的形式时，要用逐项逐差，不用隔项逐差。这样可以检验每个数据点之间的变化是否符合规律。

（2）在求某一物理量的平均值时，不可用逐项逐差，而要用隔项逐差；否则中间项数据会相互消去，而只到用首尾项，白白浪费许多数据。

如上例，若采用逐项逐差法（相邻两项相减的方法）求伸长量，则有

$$\frac{1}{5}\left(\frac{x_1 - x_0}{m} + \frac{x_2 - x_1}{m} + \cdots + \frac{x_5 - x_4}{m}\right) = \frac{1}{5m}(x_5 - x_0)$$

可见，只有 x_0、x_5 两个数据起作用，没有充分利用整个数据组，失去了在大量数据中求平均以减小误差的作用，是不合理的。

四、最小二乘法

作图法虽然是一个很便利的数据处理方法，但在图线的绘制上往往会引入附加误差，尤其在根据图线确定常数时，这种误差有时很明显。为了克服这一缺点，在数理统计中研究了直线拟合问题（或称一元线性回归问题），常用一种以最小二乘法为基础的实验数据处理方法。由于某些曲线的函数可以通过数学变换改写为直线，如对函数 $y = ae^{-bx}$ 取对数得 $\ln y = \ln a - bx$，$\ln y$ 与 x 的函数关系就变成直线型了。因此这一方法也适用于某些曲线型的规律。

下面就数据处理问题中的最小二乘法原则作一简单介绍。

设某一实验中，可控制的物理量取 x_1、x_2、…、x_n 时，对应的物理量依次取 y_1、y_2、…、y_n。假定对 x_i 值的观测误差很小，而主要误差都出现在 y_i 的观测上。显然，如果从 (x_i, y_i) 中任取两组实验数据就可得出一条直线，只不过这条直线的误差有可能很大。直线拟合的任务就是用数学分析的方法从这些观测到的数据中求出一个误差最小的最佳经验式 $y = a + bx$。按这一最佳经验公式作出的图线虽不一定能通过每一个实验点，但是它以最接近这

些实验点的方式平滑地穿过它们。很明显，对应于每一个 x_i 值，观测值 y_i 和最佳经验式的 y 值之间存在一偏差 δ_{yi}，通常称为观测值 y_i 的偏差，即

$$\delta_{yi} = y_i - y = y_i - (a + bx_i) \quad (i = 1, 2, 3, \cdots, n)$$

最小二乘法的原理就是：如各观测值 y_i 的误差互相独立且服从同一正态分布，当 y_i 的偏差的平方和为最小时，得到最佳经验式。根据这一原则可求出常数 a 和 b。

设以 S 表示 δ_{yi} 的平方和，它应满足

$$S = \sum (\delta_{yi})^2 = \sum [y_i - (a + bx_i)]^2$$

上式中的 y_i 和 x_i 是测量值，都是已知量，而 a 和 b 是待求的，因此 S 实际上是 a 和 b 的函数。若 S 最小，则令 S 对 a 和 b 的偏导数为零，即可解出满足上式的 a、b 值，即

$$\frac{\partial S}{\partial a} = -2\sum (y_i - a - bx_i) = 0, \quad \frac{\partial S}{\partial b} = -2\sum (y_i - a - bx_i)x_i = 0$$

即

$$\sum y_i - na - b\sum x_i = 0, \quad \sum x_i y_i - a\sum x_i - b\sum x_i^2 = 0$$

其解为

$$a = \frac{\sum x_i y_i \sum x_i - \sum y_i \sum x_i^2}{(\sum x_i)^2 - n\sum x_i^2}, \quad b = \frac{\sum x_i \sum y_i - n\sum x_i y_i}{(\sum x_i)^2 - n\sum x_i^2}$$

将得出的 a 和 b 代入直线方程，即得到最佳的经验公式 $y = a + bx$。

上面介绍了用最小二乘法求经验公式中的常数 a 和 b 的方法，是一种直线拟合法。它在科学实验中的运用很广泛，特别是有了计算器后，计算工作量大大减小，计算精度也能保证，因此它是很有用又很方便的方法。用这种方法计算的常数值 a 和 b 是最佳的，但并不是没有误差，它们的误差估算比较复杂。一般来说，一列测量值的 δ_{yi} 大（即实验点对直线的偏离大），那么由这列数据求出的 a、b 值的误差也大，由此定出的经验公式可靠程度就低；如果一列测量值的 δ_{yi} 小（即实验点对直线的偏离小），那么由这列数据求出的 a、b 值的误差就小，由此定出的经验公式可靠程度就高。直线拟合中的误差估计问题比较复杂，可参阅其他资料，本书不作介绍。

为了检查实验数据的函数关系与得到的拟合直线符合的程度，数学上引进了线性相关系数 r 来进行判断。r 的定义式为

$$r = \frac{\sum \Delta x_i \Delta y_i}{\sqrt{\sum (\Delta x_i)^2 \sum (\Delta y_i)^2}}$$

式中：$\Delta x_i = x_i - \bar{x}$，$\Delta y_i = y_i - \bar{y}$。

可以证明，$|r|$ 值总是在 0 和 1 之间。$|r|$ 值越接近 1，说明实验数据点密集地分布在所拟合的直线的近旁，用线性函数进行回归是合适的。$|r| = 1$ 表示变量 x、y 完全线性相关，拟合直线通过全部实验数据点。$|r|$ 值越小线性越差，若相关系数 $r = 0$ 或趋近于零，说明实验数据很分散，无线性关系。一般当 $|r| \geq 0.9$ 时，可认为两个物理量之间存在较密切的线性关系，此时用最小二乘法直线拟合才有实际意义。

习　　题

1. 下列各量是几位有效数字？测量所选用的仪器与其精度是多少？

(1) 63.74cm；(2) 0.302cm；(3) 0.0100cm；(4) 1.0000kg；(5) 0.025cm；
(6) 1.35℃；(7) 12.6s；(8) 0.2030s；(9) 1.530×10^{-3} m。

2. 试用有效数字运算法则计算出下列结果：

(1) $107.50-2.5$；(2) $273.5 \div 0.1$；(3) $1.50 \div 0.500-2.97$；

(4) $\dfrac{8.0421}{6.038-6.034}+30.9$；(5) $\dfrac{50.0 \times (18.30-16.3)}{(103-3.0) \times (1.00+0.001)}$；

(6) $V=\pi d^2 h/4$，已知 $h=0.005$m，$d=13.984 \times 10^{-3}$m，计算 V。

3. 改正下列错误，写出正确答案：

(1) $L=0.01040$（km）的有效数字是五位；

(2) $d=12.435 \pm 0.02$（cm）；

(3) $h=27.3 \times 10^4 \pm 2000$（km）；

(4) $R=6371$km$=6371000$m$=637100000$（cm）。

4. 单位变换

(1) 将 $L=4.25 \pm 0.05$（cm）的单位变换成 μm、mm、m、km；

(2) 将 $m=1.750 \pm 0.001$（kg）的单位变换成 g、mg、t。

5. 已知周期 $T=1.2566 \pm 0.0001$（s），计算角频率 ω 的测量结果，并写出标准式。

6. 计算 $\rho=\dfrac{4m}{\pi D^2 H}$ 的结果，其中 $m=(236.124 \pm 0.002)$g，$D=(2.345 \pm 0.005)$cm，$H=(8.21 \pm 0.01)$cm，并且分析 m、D、H 对 σ_P 的合成不确定度的影响。

7. 利用单摆测重力加速度 g，当摆角很小时，$T=2\pi\sqrt{\dfrac{l}{g}}$。式中 l 为摆长，T 为周期，它们的测量结果分别为 $l=(97.69 \pm 0.02)$cm，$T=(1.9842 \pm 0.0002)$s，求重力加速度及其不确定度。

第6章 常用实验设备

6.1 WAW微机控制电液伺服万能试验机（Ⅰ）

一、用途

微机控制电液伺服万能试验机是一种具有高新技术手段，符合现代力学检验要求的新型试验设备，是目前生产和使用中的手动加荷式、手动加荷数显式万能试验机的升级换代产品。该试验机采用宽调速范围的电液比例阀组及计算机数字控制等先进技术，组成全数字式闭环调速控制系统，能够自动精确地测量和控制试验机加荷、卸荷等试验全过程，控制范围宽、功能多、全部操作键盘化，各种试验参数由计算机进行控制、测量、显示、处理并打印，集成度高，使用方便、可靠，可对各种金属、非金属材料进行拉伸、压缩、弯曲、剪切、低周循环及各种组合波形试验，是科研生产、仲裁检验所需要的先进检测设备。

二、工作条件

(1) 室温在 $10\sim30℃$ 范围内。

(2) 相对湿度≤80%。

(3) 环境无振动，无腐蚀性介质和较强磁场干扰。

(4) 电源电压波动范围不应超过额定电压的±10%。

(5) CPU主频大于Pentium133，内存大于32MB，显示器分辨率不低于800×600。

(6) 程序需要操作系统中安装Access数据库环境。

三、主要技术指标

(1) 用传感器实现对试验力的无惯性测量。

1) 试验力量程：0~100%。

2) 试验力测量范围：0.4%~100%（连续全程测量）。

3) 试验力测量误差：±0.5%。

4) 试验力值显示：计算机屏幕直接显示读数。

注：标准型采用液压传感器测量，试验力测量范围为2%~100%（连续全程测量）。

(2) 用引伸计测量试样标距内变形。

1) 引伸计的规格：标距50mm、量程5mm。

2) 变形测量范围：(2%~100%)FS（非金属及专用引伸计另计）。

3) 变形值显示：计算机屏幕直接显示读数。

(3) 用光电编码器测量两钳口间位移，位移值由计算机屏幕直接显示。

1) 位移量程：200mm。

2) 测量误差：±1%。

(4) 速度控制。

1) 试验力等速率控制：(0.02%~100%) FS/min。

控制范围为 (0.4%~100%) FS。

控制精度：±0.5%设定值。

2）变形等速率控制：（0.1%～100%）FS/min。

控制范围：（2%～100%）FS。

控制精度：±0.5%设定值。

3）位移等速率控制：0.5～50mm/min。控制精度：±1%设定值。

4）恒试验力、恒变形、恒位移控制精度：±1%设定值。

四、主要结构及工作原理

微机控制电液伺服万能试验机主要由主机、液压源、计算机三大单元组成。

1. 主机

主机结构为油缸下置式，由机座（内装工作油缸）、试台、上下横梁、丝杠、光杠等组成，如图 6-1 所示。试台与上横梁通过光杠连接成一个刚性框架，试台与工作油缸及负荷传感器通过螺钉连接，下横梁在中间与丝杠连接形成上下两个工作空间，而电动机经减速器、链传动机构、丝杠来带动下横梁移动，调整上下工作空间。

图 6-1　微机控制电液伺服万能试验机
主机结构外形图

在上下横梁内均装有液压夹具，由吸附式控制盒控制其动作，夹具内的夹块可根据试样尺寸来更换。

2. 液压源

液压源为通用型设计，主要由油泵电动机组、手动控制阀、自动控制阀、过滤器、油箱等组成。液压夹具控制系统及配电盘也安装其内。

在液压源正面装有空气开关和启动按键，并设有手柄进行手动控制。液位计可观察液面高度及温度。在液压源侧下方装有放油孔，用于清洗油箱及换油。液压源通过高压胶管与主机相连，所有电气线路均通过接头相连。油箱内约装 45L 液压油。

3. 计算机

有一控制台与液压源并排安置，上面放有计算机、打印机、键盘等仪器，通过电缆与液压源、主机连接。

五、试验操作方法

现以组（单）试样拉伸试验（自动）为例详细介绍全部试验过程，其余与拉伸试验大体相同，只是需要改变相应选项而已。

拉伸试验因材料不同可分为屈服强度的拉伸试验和规定非比例延伸强度的拉伸试验。

（一）屈服强度的拉伸试验

1. 试验前设置

（1）打开计算机，预热 20～30min。

（2）在计算机桌面或程序组启动程序，进入操作界面，程序默认自动状态。

（3）用户设置：点击［设置］进入［用户设置］菜单。

1）［试验参数］选项，试验机负荷指的是试验机的最大量程，调试时已输入，不要改动，引伸计量程和标距随使用引伸计规格而相应改变。点击要进行的试验，然后进入试验结果选项，点击欲求的试验参数，以√显示为选择。

2）点击［试样参数］，进入试样形状选择。在［试样参数］中选择所要试验的试样的形状，点击所选形状及参数输入就会跳出该形状材料的参数对话框，输入当前试样的试样编号及原始尺寸等（断后资料在试验结束后输入）。

3）进入［打印参数］填好当前试样的资料，然后进入［其他］栏中逐项填写。如果使用程序控制，就进入程序设置依次填好各项。

注：［环境参数］一次填写再不需要更改；［控制参数］设定油缸初始位置10～20mm，其余可以在试验过程中调整；［选项］栏通常选择［线性回归］方法求弹性模量及相关数据结果。相关系数越接近1，说明所取点越好（在最大力的10%～70%之间）。

2. 试验开始

（1）启动油泵，用手动或自动控制把油缸升起10～20mm。用自动控制升起油缸时，一定要保证油缸活塞位于油缸底部，并且必须把手动控制阀全部关死。

（2）调零：按试验力［调零］按钮调整零点。

（3）速度设定：在手控器中可以依据试验法对试样材料要求的速度进行控制，通常调整位移控制速度（0.02～0.1mm/s）、力控制速度（500～1000N/s）、变形控制速度（0.002～0.01mm/s），试验开始时因为没有力（或很小），所以必须用位移控制。

（4）放置（夹持）试样：先把试样居中垂直放好、夹紧。

（5）点击［开始］键，计算机自动进入位移控制方式，起始速度要小一些。

（6）选择力—位移曲线或力—时间曲线，在屈服过程中采用等位移控制，速率因材料和国标规定而定；过屈服以后，可以切换成力控制，直到试验结束。曲线可以自由切换，切换在曲线选择框中进行。曲线选择框可以按住鼠标左键移动，显示与隐藏的切换可以单击鼠标右键（切换时鼠标箭头不要点在［曲线选择框］上）。

（7）试验结束后，程序会自动停止（如程序未自动退出试验状态，用鼠标点击［终止］按钮停止），接口上会跳出对话框，要求输入断后资料。这时应取下试样，量取断后数据输入对话框。输入断后数据后点击［OK］键，然后会自动跳出数据结果窗口查看数据是否有效；点下按钮则会跳出提示是否保存曲线，若保存，则会跳出保存对话框，命名活页夹保存。对于成组试验，只是第一根试样要选择保存位置，其余试样只提示是否保存，然后自动存入已命名的成组试样的活页夹中。

（8）当自动求屈服点数据无效时，应进入曲线分析，点击图标或直接点击［曲线分析］进入曲线分析接口，在曲线分析接口中进行数据处理（计算结果）。需要在力—位移曲线上找出屈服点，回车或鼠标右键确定。

（9）打印操作：打印报告有单根试验和成组试验两种可供选择，在曲线分析接口选好所要打印的曲线，即可打印。点击打印机图标，进入打印接口，选择所用的打印机和需打印的份数，只要打印设备正常，即可打印出图。

（10）用手动控制或自动控制使油缸复位，准备下次试验。如果该组试验完成或点击图标［终止］就会结束该组试验，并有提示。

（二）规定非比例延伸强度的拉伸试验

当材料没有明显屈服点时，就不能求出其屈服强度，通常用规定的引伸计标距的百分率时的应力表示，进行规定非比例延伸强度的拉伸试验时需要加挂引伸计。

（1）〔用户设置〕／〔试验参数〕／〔拉伸〕一栏勾选非比例延伸，并输入相应的百分率。

（2）在〔用户设置〕／〔程序设置〕栏中，设置适当的摘引伸计位置（数值为试样标距内的变形量）其余试验步骤与屈服拉伸强度试验的步骤（1）～（4）相同。

（3）夹好试样后，在试样上夹挂引伸计，使引伸计刀刃与试样良好接触，然后拔下引伸计定位销，在操作界面点击引伸计调零，选择力—延伸曲线，点击〔开始〕键开始试验。程序先以位移控制，当力值超过1kN时，可切换成力控制；当窗口提示摘掉引伸计时，系统会处于保持状态，摘下引伸计，插好定位销，放回盒中，以备下次使用，然后再点击〔OK〕键。

试验结束后，数据处理过程与屈服强度的拉伸试验相同。

拉伸试验步骤概括如下：

1）开机，进入程序，预热，参数设置。

2）开油泵，升活塞，试验力调零。

3）选曲线，夹试样，调整开始速度（挂引伸计及调零）。

4）开始试验，调整控制方式及速度。

5）试验结束，数据处理，保存及打印。

6.2 WAW 微机控制电液伺服万能试验机（Ⅱ）

一、试验机结构

WAW 微机控制电液伺服万能试验机结构外形如图6-2所示。

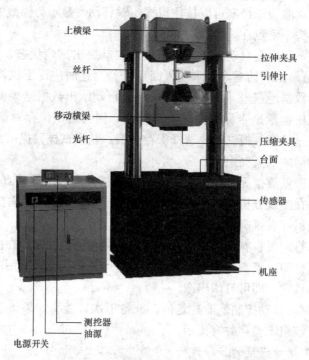

图6-2 WAW 微机控制电液伺服万能试验机结构外形图

二、试验操作方法

（一）拉伸试验

（1）打开万能试验机。开机顺序：总电源开关→油泵开关→控制器开关→计算机→打印机。

（2）点击计算机桌面上的试验软件图标，点击"确定"进入试验软件，试验软件自动联机，选择控制方式并在试验界面点击"自动"。

（3）在试验界面点击"试验导航"、"试样录入"进入试样录入界面，在试样录入界面点击"增加"。在试验参数里输入试样编号、试样组数。在试样参数里点击"拉伸"、"圆形"，输入引伸计标距50、原始标距80、平行长度100、直径10后点击"保存试样尺寸"。在试样录入界面点击"保存"试样录入完成，点击"返回"返回试验界面。

（4）在试验界面点击"试样选择"，点击"拉伸"后选择试验编号。在试验界面点击"试验导航"、"试验方法"，进入试验方法界面，在试验方法里选择"拉伸试验"，点击"返回"返回试验界面。

（5）调整试验空间，装夹试样。使用移动控制盒"上升、下降"按钮，调整移动横梁，到距离上横梁为比拉伸试样高一些的适当位置，以便能夹持拉伸试样。将试样放在两夹头的夹块中心，按移动控制盒"上夹紧"按钮，将上横梁夹头夹紧。将试验软件的试验力值清零后，按移动控制盒"下夹紧"按钮，夹紧下夹头。如使用引伸计，将引伸计夹持好后，将试验软件的变形值清零。

（6）启动试验。点击软件中"试验启动"，试验启动后计算机自动控制，试验结束自动停车，自动记录试验数据。使用引伸计在试验界面提示"摘除引伸计"时，将引伸计卸下。

（7）试验完成。按移动控制盒"上松开、下松开"按钮，卸下上、下夹头拉断的试样。点击试验软件的"回落"按钮，将试验空间调整到试验初始状态。做第二个试验时，重复上面（1）～（7）步。

（8）查看并打印试验结果。在试验界面点击"试验结果"进入试验结果查询界面。在试验结果查询界面选择试验日期、试验方法、试样编号，就可查询到试验结果，查询结束点击"返回"，返回试验界面。

在试验界面点击"打印设置"，进入打印设置界面，在打印设置界面上选择试验日期、试验方法、试样编号，点击"打印报告"，点击"返回"返回试验界面，退出试验软件。

（9）关机、关闭电源。关机顺序：打印机→计算机→控制器开关→油泵开关→总电源开关。

（二）压缩试验

（1）、（2）步与拉伸试验相同。

（3）在试验界面点击点击"试验导航"，点击"试样录入"进入试样录入界面，在试样录入界面点击"增加"。在试验参数里输入试样编号、试样组数。在试样参数里点击"压缩"、"柱形"，输入直径10后点击"保存试样尺寸"。在试样录入界面点击"保存"试样录入完成，点击"返回"返回试验界面。

（4）在试验界面点击"试样选择"，点击"压缩"后选择试验编号。在试验界面点击"试验导航"、"试验方法"，进入试验方法界面，在试验方法里选择"压缩试验"，点击"返回"返回试验界面。

（5）调整试验空间，装夹试样。使用移动控制盒"上升、下降"按钮，将压缩试样放在下压盘的中心圈中，调整移动横梁到距离试样约 3mm（以压不到试样为准），将试验软件的试验力值清零。

（6）～（9）步与拉伸试验相同。

三、注意事项

（1）按顺序开机。打开试验软件查看自动联机是否成功，观察试验界面的初始试验力值是否有力值联机成功，若没有力值，则点击试验界面"试验初始"选择"重新联机"。

（2）录入试样界面试验参数里带 * 号的必填，其他选填。试样面积和原始标距系数自动生成。

（3）选择试验编号时，选择成功试验界面坐标轴上的编号与所选编号一致。

（4）拉伸（压缩）试验方法具体方法已设定，切勿改动。

（5）夹持试样时，手拿试样中间段，避免夹具夹到手。

（6）压缩试验调整试验空间时，上压盘不要压到试样。

（7）试验结束时按顺序关机。

6.3　普通液压万能材料试验机

一、试验机的组成及工作原理

普通液压式万能材料试验机结构如图 6-3 所示，主要由加载系统和测力系统组成。

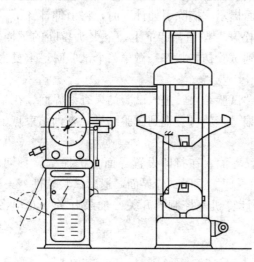

图 6-3　普通液压式万能材料试验机结构图

1. 加载系统

如图 6-4 所示，蜗轮蜗杆和调位电动机（或手动调位轮）安装在底座上，两根立柱固定在底座上，而固定横梁固定在两根立柱上，由底座、两根立柱、固定横梁组成承载框架。工作油缸安装在固定横梁上。在工作油缸的活塞上，支承着由上横梁、活动立柱和活动平台组成的活动框架。当油泵开动时，油液通过送油阀，经进油管进入工作油缸，把活塞连同活动平台一同顶起。这样，若把试样安装于上夹头和下夹头之间，由于下夹头固定，上夹头随活动平台上升，试样将受到拉伸；若把压缩试样竖直置放于活动平台中央，则因固定横梁不动而活动平台上升，试样将受到压缩。同理，

若把弯曲试样水平置放于活动平台上的两个支座上，则因固定横梁不动而活动平台上升，试样将发生弯曲。

夹持拉伸试样时，如欲调整上、下夹头之间的距离，则可开动调位电动机（或转动手动调位轮），驱动螺杆，便可使下夹头上升或下降。但调位电动机绝对不能用来给试样施加拉力。

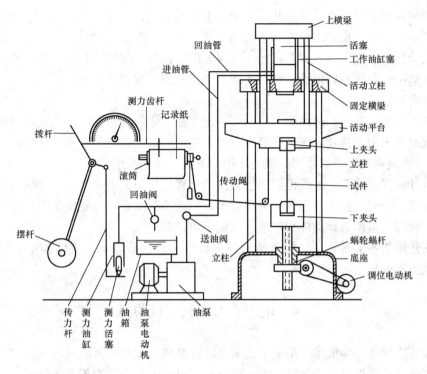

图 6‑4 普通液压式万能材料试验机原理示意图

2. 测力系统

加载时，开动油泵电动机，打开送油阀，油泵将油液送入工作油缸，顶起工作活塞给试样加载；同时，油液经回油管及测力管（这时回油阀是关闭的，油液不能流回油箱）进入测力油缸，压迫测力活塞，使它带动传力杆向下移动，从而迫使摆杆和摆锤连同拨杆绕支点偏转，荷载越大，摆的转角也越大。拨杆偏转时推动测力齿杆作水平移动，于是驱动示力盘的指针齿轮，使示力指针转动，这样便可从测力盘上读出试样受力大小的数值。示力指针旋转的角度与测力油缸上的总压力（即传力杆所受拉力）成正比，而测力油缸压力的大小与试样所受荷载的大小成正比，因此，示力指针旋转的角度与试样所受荷载的大小成正比。

试验机配有不同重量的摆锤，可供选择。一般试验机可以更换三种锤重，故测力盘上相应有三种刻度，这三种刻度对应着机器的三种不同的量程。例如，WE-300 型万能试验机配有 A、B、C 三种摆锤，其对应的三种测量量程分别为 0~60、0~150、0~300kN。

二、试验机操作步骤

（1）关闭送油阀、回油阀。

（2）选择量程，装上相应的锤重。

（3）加载前，测力指针应指在刻度盘的"零"点，否则必须加以调整。调整时，先开动油泵电动机，将活动平台升起 3~5mm，然后稍旋动摆杆上的摆锤，使摆杆保持铅直位置，再转动水平齿条，使指针对准"零"点。

（4）安装试样。压缩试样必须放置垫板，拉伸试样则须调整上夹头或下夹头位置，使拉伸区间与试样长短相适应。注意：试样夹紧后，绝对不允许再调整夹头，否则会造成烧毁夹头调位电动机的严重事故。

（5）调整好自动绘图仪的传动装置及滚筒上的纸和笔。

（6）开动油泵电动机，缓慢打开送油阀，慢速均匀加载。

（7）实验完毕，立即停车取下试样。这时关闭送油阀，缓慢打开回油阀，使油液泄回油箱，于是活动平台回到原始位置。最后将所有机构复原，并清理机器。

三、注意事项

（1）开车前和停车后，送油阀、回油阀一定要在关闭位置。加载、卸载和回油均应缓慢进行。加载时要求测力指针匀速、平稳地走动，应严防送油阀开得过大（这时测力指针会走动太快），致使试样受到类似冲击荷载的作用，不再是静载作用。

（2）拉伸试样夹住后，不得再调整下夹头的位置，以免使带动夹头升降的电动机烧坏。

（3）机器运转时，操作者必须集中注意力，中途不得离开，以免发生安全事故。

（4）试验时，不得触动摆杆和摆锤，以免影响试验读数。

（5）在使用机器的过程中，如果听到异声或发生任何故障，应立即停车（切断电源），以便进行检查和修复。

6.4 电子式万能材料试验机

电子式万能材料试验机是采用电子技术（或计算机）控制的万能材料试验机，主要有两种类型：一种是数字显示式的，它将力、位移和变形的大小通过面板上的数显窗口同步显示出来，可以随时记录，也可以通过微型打印机打印出来，其主要特点是加力速率范围宽且易于准确控制，操作简便；另一种是完全由微机控制的，操作方便、灵活，可根据显示器的提示用键盘或鼠标实施对试验机进行操作控制，并能自动进行数据处理，数据的后处理能力很强。

近年来，电子式万能材料试验机先后采用了四种不同的控制方式：第一种是采用松下电动机及控制器技术，只能实现等速模拟控制的电子式万能材料试验机；第二种是采用单片机组成测量、控制单元，通过计算机与之通信实现模拟控制的电子式万能材料试验机，这种控制方式虽然实现了等速、等应力、等应变控制，但在实验过程中各种控制方式无法相互切换；第三种是以 386 计算机为内核的测量控制技术，各生产厂家另配计算机及实验软件与之通信的电子式万能材料试验机，该方式只能实现程序控制，对实验员素质要求较高；第四种是采用数字式脉冲调宽技术，全数字闭环多功能控制的电子式万能材料试验机，其测量控制系统既可以实现程序控制实验，又可以实现随机控制实验，在实验过程中，各种控制速率及控制方式均可以互相平滑地切换。电子式万能材料试验机由于采用了传感技术、自动化检测、微机控制等较先进的测控技术，不仅可以完成拉伸、压缩、弯曲、剪切等常规实验，还能进行荷载或变形循环、蠕变、松弛、应变疲劳等一系列静态和动态力学性能实验，具有测量精度高，加载控制简单，实验范围宽，可以对整个实验过程进行预设和监控，通过强大的后处理技术直接提供实验分析结果和实验报告，再现实验数据等优点。

一、试验机结构及工作原理

电子式万能材料试验机主机可分为双空间和单空间两种类型，而双空间试验机又可分为下拉上压式和上拉下压式。试验机随制造厂家不同，其结构和功能略有差异，但其结构一般均包含下列五个系统（见图 6-5）。

1. 加力系统

试验机的加力机构装于主机机架内，两滚珠丝杠垂直分装在主机左右两侧，活动台内的两套螺母用滚珠与相应的滚珠丝杠啮合。工作时，交流伺服电动机经齿形皮带减速后驱动左右丝杠同步原地转动，活动台内与之啮合的螺母便带动活动台下降或上升。活动台下降时，对于"上拉下压式"试验机，上部空间为拉伸区，下部空间为压缩与弯曲区，而活动台上升时应空载运行，不能施加荷载；对于"下拉上压式"试验机，活动台上升时，下部空间为拉伸区，上部空间为压缩与弯曲区，活动台下降时，应空载运行，不能施加荷

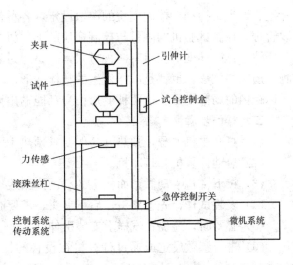

图 6-5 电子式万能材料试验机结构图

载。活动台升降及其速度控制有两套并行装置：一套是位于主机右立柱上的手动按键式控制盒，有启动按钮、停止按钮、慢速和快速升降按钮、试样保持按钮等，供装卡试样时调整活动台位置和启动实验时使用；另一套直接由微机控制，主要供试验加力时使用。在设备的适当位置还需另外配有紧急停机按钮，供实验过程中出现意外情况时使用。有些试验机还配有升降停选择钮和调速电位器。

2. 测力系统

当夹持好试件后，横梁运动时，通过夹具施加一个力给试样，与试样一端相连的测力传感器受力后，产生一个微弱的信号，此信号经测量系统放大并经 A/D 转换器转换后，送给微机进行采集、处理、线性修正，从而显示出所测到的力值。测力传感器一般固定在横梁中央，并与下夹头和压头相连接。

由于电子式万能材料试验机最容易损坏的部位是传感器，因此几乎所有电子式万能材料试验机都配有限位开关，有强制限位和临时限位开关，用来保护传感器。所以，实验人员在使用过程中必须认真调整，灵活使用。

3. 试样变形测量系统

将小变形或大变形传感器装夹在试样上，由于试样的伸长，引起了小变形（标定值）或大变形的相对运动，小变形或大变形传感器经由测量系统放大或计数，并由 A/D 转换器转换后，将数据传送给微机，微机再通过线性修正，从而显示出所测到的变形值。

4. 活动横梁位移测量与控制系统

由于丝杠的运动，带动了连接在丝杠顶端的编码器转动，编码器首先将转动的角度信号送给测量系统，然后再送至微机，这样便完成了位移的测量。所测量到的横梁的位移，也就是试样发生的整体变形。对活动横梁位移还有限位控制，通过灵活调整横梁的"强制限位"装置和"活动限位"装置可以有效保护设备的使用安全。

5. 微机自动测试与控制系统

电子式万能材料试验机采用了主从结构的计算机控制系统。试验机的测量、控制等功能模块内嵌于微处理器中作为下位机，下位机主要完成功能模块内部功能控制，如测量模块的

标定、调零、换挡，控制模块的参数设定，各种保护的自诊断等。主控计算机通过 CPIB 总线管理，控制试验机的测量与控制模块的下位机组建，并完成各种功能的力学性能测试。

注意：试样变形测量有两种方式，一是通过安装在活动横梁与立柱之间的位移传感器，测量横梁的位移，也就是试样发生的整体变形；二是通过另外加装的电子引伸计精确测量试样标距内的局部变形。这两种变形信号都能输出至计算机进行必要的切换、采集、处理。

二、操作步骤

（1）打开主机电源，预热（一般要求预热 10min 左右）。

（2）启动计算机和打印机。

（3）按下主机手动微调面板上的启动按钮或启动计算机上设备的控制软件。

（4）安装试样，先上夹头，后下夹头，需要时手动调整活动台位置。

（5）必要时，还要在试样上安装引伸计。

（6）进行参数设定或通过计算机在设备的控制软件界面上选择实验方案，并对传感器清零。

（7）在确认实验设备连接无误后，启动实验运行按钮。

（8）待实验结束后，分析、处理数据，显示并打印出试验结果。

三、注意事项

电子式万能材料试验机是一种多参量、多功能、高精度、智能型的力学实验设备，为了杜绝事故的发生，在使用过程中应特别注意下列事项：

（1）在主机开动前，必须把位移行程限位保护装置调整好，以保证在实验时活动横梁不与上横梁或工作台相撞。

（2）试验机单向加载不应超过荷载传感器额定量程的 80%，双向循环加载其拉伸与压缩荷载不宜超过荷载传感器容量的 60%。

（3）拉伸夹具夹持试样部分的长度不得少于夹块长度的 80%。

（4）荷载、变形测量仪器应预热 30min 后方可开机进行实验。

（5）新传感器与放大器配套使用前，必须对放大器各挡满度进行标定。

（6）当试验机处于应力（或应变）控制中时，可进行力值换挡，不能进行变形换挡。

（7）调整传感器的各种校准参数时，必须严格遵循操作规程，否则容易造成事故。

（8）实验过程中若出现异常情况，应迅速按"急停"键，然后查找原因，排除故障，待系统正常后再按正确步骤进行实验。

6.5　NDW 系列微机控制电子扭转试验机

一、用途

NDW 系列微机控制电子扭转试验机测量准确、功能齐全、可靠性高、操作简单、使用方便，可对各种金属及非金属材料进行扭转试验，可满足工矿企业、质检单位、学校和科研单位的各种试验要求，如金属材料的扭转破坏、扭转切变模量、多步骤扭矩加载等试验，是进行仲裁检验理想的先进检测设备，已达到国际先进技术水平。主要用于金属、非金属的扭转性能试验，能够自动测量抗扭强度、屈服点，规定非比例扭转应力等。

试验机所用软件能够对试验的全过程进行精确的测量和灵活的控制，控制范围宽、功能齐全、全部操作键盘化，计算机进行自动测量、控制、显示、处理并打印，集成化程度高，使用方便、可靠，可对各种金属材料进行扭转试验，是科研生产、仲裁检验首选的高级测控软件。

二、工作条件

(1) 室温在 10～30℃范围内。

(2) 相对湿度≤80%。

(3) 环境无振动，无腐蚀性介质和较强磁场干扰。

(4) 电源电压波动范围不应超过额定电压的±10%。

(5) CPU 主频大于 Pentium133，内存大于 32MB，显示器分辨率不低于 800×600。

(6) 程序需要操作系统中安装 Access 数据库环境。

三、主要技术指标

(1) 用传感器实现对扭矩的无惯性测量。

1) 最大扭矩：1000N·m。

2) 测量扭矩准确度：±1% (相对示值)。

3) 试验速度范围：(0.036～360)°/min。

(2) 用引伸计测量试样标距内扭转变形。

1) 引伸计的规格：标距 50mm 或 100mm。

2) 引伸计分辨力：0.001°。

3) 测扭转角准确度：±0.5% (相对示值)。

4) 扭转角测量范围：0～1000rad(0°～57295°)。

5) 测扭矩分辨力：1/200000。

四、试验操作方法

试验过程中可以通过点拉控制面板上的滚杠改变控制速度和控制方式（扭矩、夹头转角）。

现以单试样扭转试验为例详细介绍全部试验过程。

1. 试验前设置

(1) 打开计算机，预热 20～30min。

(2) 在计算机桌面或程序组启动程序，进入操作界面。

(3) 用户设置：点击设置进入［用户设置］菜单。

1)［环境］选项中各项参数可根据需要更改，填写信息。

2)［设备信息］选项，试验机扭矩指的是试验机的最大扭矩量程，调试时已输入，不要改动，引伸计量程、标距、臂长随使用引伸计规格而相应改变。

3)［控制参数］选项，可设置试验各种控制方式的速率。摘引伸计位置根据材料不同而设置不同的参数。

4)［试验参数］选项可根据需要试验要求选择试验类型、试样类型。

选择试验类型后，点击试验设定，然后进入试验结果选项，点击欲求的试验参数，以√显示为选择。

抗扭强度：试样在扭断前承受的最大扭矩，按弹性扭转公式计算的切应力。

下屈服点：以屈服阶段中的最小扭矩，按弹性扭转公式计算的切应力。

上屈服点：扭转试验中，以首次发生下降前的最大扭矩，按弹性扭转公式计算的切应力。

切变模量：切应力与切应变呈线性比例关系范围内切应力与切应变之比。

规定非比例扭转应力：扭转试验中，试样标距部分外表面上的非比例切应变达到规定的数值时，按弹性扭转公式计算。

最大非比例切应变：试样扭断时其外表面上的最大非比例切应变。

注：当选择上规定非比例扭转应力时，须点击百分比输入填写百分率。

2. 试验开始

（1）打开主电源。

（2）调零：把试样夹紧之后，按试验扭矩、夹头转角［调零］按钮调整零点；扭角的调零，当加上引伸计后点击调零。

（3）速度设定：在手控器中可以依据试验法对试样材料要求的速度进行控制。

（4）放置（夹持）试样：先把试样居中垂直放好、夹紧。

（5）点击［开始］键，计算机自动进入夹头转角控制方式，起始速度要小一些。

（6）选择切换曲线，在扭转过程中可随意更换控制方式，速率因材料和国标规定而定。曲线可以自由切换，切换在曲线选择框中进行。曲线选择框可以按住鼠标左键移动，显示与隐藏的切换可以单击鼠标右键（切换时鼠标箭头不要点在［曲线选择框］上）。

（7）试验结束后，程序会自动停止（如程序未自动退出试验状态，用鼠标点击［终止］按钮停止。）接口上会跳出对话框，要求输入断后资料，这时应取下试样，量取断后数据输入对话框。输入断后数据后点击确定键，然后会自动跳出数据结果窗口查看数据是否有效，点下按钮则会跳出提示是否保存曲线；如果保存，则会跳出保存对话框，命名活页夹保存。

（8）当自动求屈服点数据无效时，应进入曲线分析，点击图标或直接点击曲线分析进入曲线分析接口，在曲线分析接口中进行数据处理（计算结果）。需要在扭矩—转角曲线上找出屈服点，点击回车键或鼠标右键确定。

（9）打印操作：打印报告有单根试验和成组试验两种可供选择，在曲线分析接口选好所要打印的曲线，即可打印。点击打印机图标，进入打印接口，选择所用的打印机和需打印的份数，只要打印设备正常，即可打印出图。

（10）如果该组试验完成或点击图标终止，就会结束该组试验并有提示。

五、注意事项及保养

1. 注意事项

（1）未开始试验前不要点击"开始试验"按钮。

（2）每次进入程序时，若有异常提示或默认扭矩值与以往不同，不要进行试验，参照故障处理方法排除。同一台机器空载时，每次刚进入系统的默认扭矩值（未调零之前）差值是很小的。

（3）夹紧试样后不要再调扭矩零点。

（4）装夹引伸计，确保刀刃与支架刀刃良好接触，再调零或按下［确定］按钮。

（5）试样破断后，程序如果没退出试验状态，须马上单击［STOP］退出试验状态。

（6）做完试验退出程序，必须先用 Windows 98 关机后方可切断电源。

（7）该软件有过载保护的功能，当超过满量程的 0.3% 时会有保护提示，需按下确定，再停止实验。

2. 保养

（1）计算机要保持干燥，防尘网需要保持清洁。

（2）电源保证接触良好。

（3）检查各连接线是否完好。

6.6　NJ-500 微机控制扭转试验机

一、试验机结构

NJ-500 微机控制扭转试验机结构如图 6-6 所示。

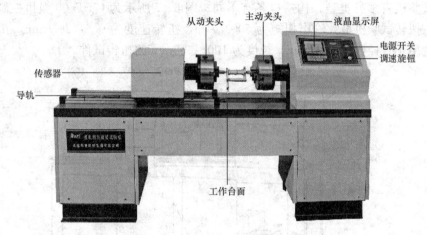

图 6-6　NJ-500 微机控制扭转试验机结构图

二、操作方法

（1）打开扭转试验机。开机顺序：电源开关→计算机→打印机。

（2）点击计算机桌面上的试验软件图标，点击"确定"进入试验软件，在试验界面点击"联机"、"录入试样"，输入试验编号、试样尺寸，点击"保存"、"返回"，返回试验界面。

（3）在试验界面选择试样编号。

（4）参数设置，首次试验已设置完，不用改动。

（5）调整试验空间，装夹试样。调整从动夹头，到距离主动夹头比扭转试样稍长一些的位置，以便夹持试样；将试样放在两夹头的夹盘中心，用扳手将两夹头轻轻拧紧，同时调整试样在夹盘中心。将试验软件的扭矩值清零后，用加力杆拧紧两夹头。

（6）启动试验。点击软件中启动试验，试验启动后计算机自动控制，试验结束自动停车。

（7）试验完成后将试样卸下。做第二个试验时，重复步骤（1）~（7）。

（8）查看试验结果及打印。在试验界面点击数据管理，进入数据管理界面，选择试样编号、报表、报表预览、打印报告。点击"关闭"返回试验界面，点击"关闭"退出试验软件。

（9）关机、关闭电源。关机顺序：打印机→计算机→电源开关。

三、注意事项

（1）按顺序开机。打开试验软件，点击"联机"，看联机是否成功；如有力值联机成功，观察试验界面的初始试验力值。

（2）录入试样界面试验参数里带＊号的必填，其他选填。

（3）扭转试验方法具体方法已设定，切勿改动。

（4）夹持试样时，试样夹持在夹盘中间。

（5）试验结束时按顺序关机。

6.7　CTT500 扭转试验机

扭转试验机有多种类型，构造也各有不同。图 6-7 所示为 CTT500 微机控制扭转试验机结构。该扭转试验机最大输出扭矩为 $500\text{N}\cdot\text{m}$，扭转速度为 $0°\sim720°/\text{min}$，扭转速度连续可调，适用于直径为 $10\sim20\text{mm}$、长度为 $100\sim600\text{mm}$ 的扭转试件。

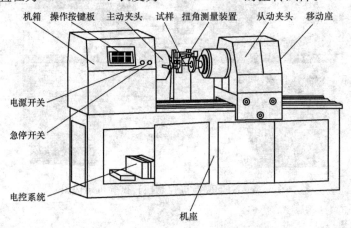

图 6-7　CTT500 微机控制扭转试验机结构示意图

一、机械结构原理

扭转试验机由主机、主动夹头、从动夹头、扭转角测量装置、电控测量系统等组成。主机由底座、机箱、传动系统、移动支座等组成。传动系统由交流伺服电动机、同步齿型带和带轮、减速器、同步带张紧装置等组成；移动支座由支座和扭矩传感器组成，支座用轴承支撑在底座上，与导轨的间隙由内六角螺钉调整。CTT500 微机控制扭转试验机电气控制原理如图 6-8 所示。

二、扭角测量机构

扭转角测量装置由卡盘、定位环、支座、转动臂、测量辊、光电编码器组成。卡盘固定在试样的标距位置上，试样在加载负荷的作用下而产生形变，从而带动卡盘转动，同时通过测量辊带动光电编码器

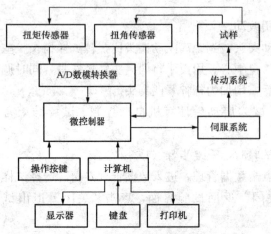

图 6-8　CTT500 微机控制扭转试验机电气控制原理

转动。由光电编码器输出角脉冲信号，发送给电控测量系统处理，然后通过计算机将扭角显示在屏幕上。

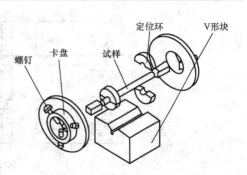

图 6-9　扭角测量装置安装方法示意图

扭角测量装置的安装方法如图 6-9 所示，先将一个定位环夹套在试样的一端，装上卡盘，将螺钉带紧，再将另一个定位环夹套在试样的另一端，装上另一卡盘。根据不同的试样标距要求，将试样搁放在相应的 V 形块上，使两卡盘与 V 形块的两端贴紧，保证卡盘与试样垂直，以确保标距准确。将卡盘上的螺钉拧紧。将扭角测量装置的转动臂的距离调好，转动转动臂，使测量辊压在卡盘上。

三、扭矩测量机构

扭矩传感器固定在支座上，可沿导轨直线移动。通过试样传递过来的扭矩使传感器产生相应的变形，所产生的应变信号通过电缆传入电控部分，由计算机进行数据采集和处理，并将结果显示在屏幕上。

试样夹头有两个，主动夹头安装在减速器的出轴端，从动夹头安装在移动支座上的扭矩传感器上，试样夹持在两个夹头之间。旋动夹头上的手柄，使夹头的钳口张开或合拢，将试样夹紧或松开。当主动夹头被电动机驱动时，试样所承受的力矩经从动夹头传递给扭矩传感器，转换成测量电信号，发送给电控测量系统进行处理。

四、操作方法

1. 开机操作

在确认设备的电源连线和信号连线连接无误后方可开机，开机顺序为试验机→打印机→计算机。当旋动电源旋钮到"ON"位置时，电源指示灯点亮，系统通电。

注意：主机和计算机的开机顺序会影响计算机的串口通信初始化设置，所以务必严格按照上述开机顺序进行。每次开机后要预热 10min，待系统稳定后，才可进行试验工作；如果刚关机还需要再开机，应至少保证 1min 的间隔时间。

2. 关机操作

结束试验工作后，即可按试验机→打印机→计算机的顺序关机。当旋动电源旋钮到"OFF"位置时，电源指示灯熄灭，系统断电。

3. 手动控制盒

CTT500 微机控制扭转试验机手动控制盒如图 6-10 所示。

（1）电源指示灯（红色）：用来指示系统的供电情况。

（2）点动正转按键：仅用于在安装和调试时控制主动夹头点动（顺时针）旋转，使其与从动夹头对正，按下该键机器动作，同时顺时旋转指示灯亮，松开即停，同时顺时旋转指示灯熄灭。

（3）点动反转按键：仅用于在安装和调试时控制主动夹头点动（逆时针）旋转，使其与从动夹头对正，按下该键机器动作，同时逆时旋转指示灯亮，松开即停，同时逆时旋转指示灯熄灭。

（4）扭矩清零按键：用于使扭矩测量值处于相对零位。

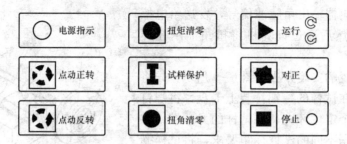

图6-10　CTT500微机控制扭转试验机手动控制盒

　　（5）试样保护按键：用于在装夹试样过程中消除试样的夹持预负荷，按下按键，机器自动处于试样保护状态，试样的夹持预负荷保持为零。注意：如果按下试样保护键，需等待计算机屏幕的提示消失后方可进行其他操作。

　　（6）扭转角清零按键：用于使扭转角测量值处于相对零位。

　　（7）运行按键：用于当各项试验预备工作完毕后，按下该键进入试验运行状态。按键旁有个正、反转指示灯（绿色），分别显示机器施加力矩的方向。

　　（8）对正按键：用于当一次试验完毕后，使主动夹头自动返回与从动夹头对正的初始位置，便开始进行下一次试验。按下该键开始对正，同时指示灯点亮；对正结束，指示灯熄灭。注意：如果在试验完毕后按下该键，务必等待按键右侧的红色指示灯熄火后方可进行其他操作。

　　（9）停止按键：试验运行过程中，停止试验。按下该键，指示灯（红色）亮。

　　4. 急停开关

　　设备操作键盘的右下侧设有急停开关，当设备失控或出现其他紧急情况时，可快速按下急停开关，以防损坏设备，此时电源指示灯将熄灭。顺时针转动急停开关，将解除急停状态，此时电源指示灯亮，主机恢复正常工作状态。但从急停状态到解除急停状态，其时间间隔不应少于1min。

6.8　材料力学多功能实验装置

一、概述

　　材料力学多功能实验装置主要是用实验方法测定构件中的应力和应变。该装置能将材料力学的多种实验集中在一个实验台上进行，使用方便。用手轮螺旋平稳加载机构，配置高精度标准传感器（1/5000）及负荷显示器，加载准确。对各种力学试件配置了各种电阻应变计，采用独特的贴片工艺对各种力学试件进行贴片、加压、固化，使试件受力传递准确，使用寿命长（5～8年），稳定可靠。通过实际操作，使学生加强对工程中应力分析问题的掌握，满足相关专业课程实验、实习及课程设计任务，使学生在解决工程强度、改进产品的工作性能、节省所使用的材料及安全生产等方面有更深的认识。

二、各种实验

　　（1）纯弯曲梁正应力的测定。

　　（2）弯扭组合变形主应力的测定。

　　（3）等强度梁的应力测定。

（4）悬臂梁应力分布测定。

（5）电阻应变计灵敏系数的测定。

（6）电阻应变计横向效应系数的测定。

（7）电阻应变花和静荷载下多点应变的测量。

三、装置结构与外形

典型材料力学多功能实验装置结构外形见图 6-11 和图 6-12。

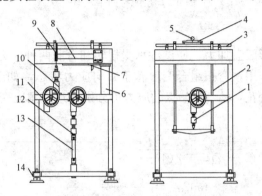

图 6-11　XL3418C 组合式材料力学多功能实验台结构外形图

1—传感器；2—弯曲梁附件；3—弯曲梁；4—三点挠度仪；5—千分表（用户需另配）；6—悬臂梁附件；7—悬臂梁；8—扭转筒；9—扭转附件；10—加载机构；11—手轮；12—拉伸附件；13—拉伸试件；14—可调节底盘

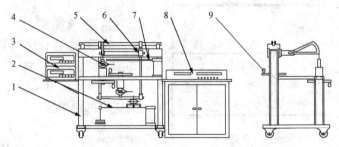

图 6-12　ZH-00 型材料力学多功能实验台结构外形图

1—组合式实验台；2—等强度梁组件；3—负荷显示器；4—标准传感器；5—纯弯曲梁组件；6—弯扭组合梁组件；7—悬臂梁组件；8—静态电阻应变仪；9—螺旋加载组件

四、加载系统及应力分析

1. 纯弯曲梁

该装置对试件的加载采用手轮螺旋加载方式，使用方便。纯弯曲梁采用反向架对试件两点加力，使试件中间受力状态为纯弯曲状态，如图 6-13 所示。

梁纯弯曲时，纯弯曲正应力计算公式为

$$\sigma = \frac{My}{I_z}$$

式中：M 为弯矩；y 为所求应力点到中性轴的距离；I_z 为横截面对中性轴的惯矩。

综上所述，梁纯弯曲时，各点处的正应力沿横截面高度按直线规律分布，其测试指示应变与理论计算应变的相对误差小于 5%。

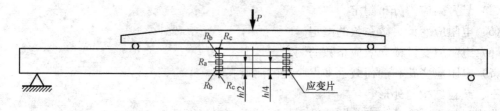

图 6-13 纯弯曲梁装置

2. 弯扭组合梁

弯扭组合梁采用扇形圆盘加力，使试件承受扭转和弯曲两种应力。试件为一空心薄壁圆筒，它受弯矩和扭矩的作用，弯扭组合变形属于二向应力状态，如图 6-14 所示。在 C_1-C_2 面上的分别贴有直角应变花，C_1 和 C_2 点的应力可分别通过直角应变花的应变值代入公式计算求得，即

$$\sigma_{1(3)} = \frac{E(\varepsilon_{0°} + \varepsilon_{90°})}{2(1-\mu)} \pm \frac{\sqrt{2}E}{2(1+\mu)} \sqrt{(\varepsilon_{0°} - \varepsilon_{45°})^2 + (\varepsilon_{45°} - \varepsilon_{90°})^2}$$

$$\tan2\alpha_0 = \frac{2\varepsilon_{45°} - \varepsilon_{0°} - \varepsilon_{90°}}{\varepsilon_{0°} - \varepsilon_{90°}}$$

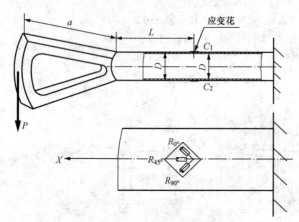

图 6-14 弯扭组合梁装置

变与理论计算应变的相对误差小于 5%。

测量主应力的大小，测量纯扭引起的切应力，测量弯曲引起的正应力，其测试指示应变与理论计算应变的相对误差小于 10%。

3. 等强度梁

等强度梁采用砝码三级加载方式，如图 6-15 所示。

图 6-15 中，上、下表面任意一点的应力的绝对值为

$$\sigma = \frac{PL}{W}$$

即任一点的应力均相等，其测试指示应变与理论计算应变的相对误差小于 5%。

4. 悬臂梁应力分布实验

采用手轮螺旋加载，掌握测量电桥的不同连接及测定方法，掌握悬臂梁不同位置的应力分布规律，如图 6-16 所示。

$$M_A = PL_1 \qquad \sigma_A = \frac{6M_A}{bh^2} = \frac{6PL_1}{bh^2}$$

$$M_B = P(L_1 + L_2)$$

$$\sigma_B = \frac{6M_B}{bh^2} = \frac{6P(L_1 + L_2)}{bh^2}$$

图 6-16 中任一点的应力与距力点的距离成正比，其测试指示应变与理论计算应变的相对误差小于 5%。

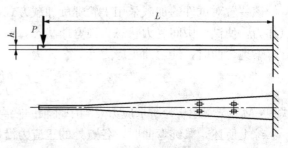

图 6-15 等强度梁装置

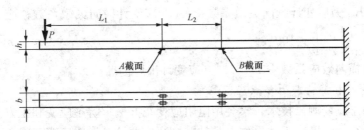

图 6-16　悬臂梁应力分布实验装置

5. 电阻应变计灵敏系数的测定

进一步了解电阻应变计相对电阻变化与所受应变之间的关系，掌握电阻应变计灵敏系数的测定方法（测定装置见图 6-17）。电阻应变计粘贴在试件上受应变时，其电阻产生的相对变化与 K 和 ε 具有如下关系

$$\frac{\Delta R}{R} = K\varepsilon$$

等强度梁上、下表面的轴向应变 ε（即所粘贴应变计承受的应变）可用挠度计上千分表测量所得读数，根据下式计算得到，即

$$\varepsilon = \frac{4hf}{l^2}$$

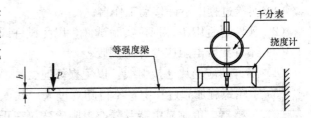

图 6-17　电阻应变计灵敏系数的测定装置

式中：h 为等强度梁的厚度；f 为千分表的读数；l 为挠度计的跨度。

上式由材料力学推出。电阻应变计的相对电阻变化由电阻应变仪测出，指示应变 $\varepsilon_{仪}$ 和应变仪所设定的灵敏系数值 $K_{仪}$，用下式计算而得，即

$$\frac{\Delta R}{R} = K_{仪}\, \varepsilon_{仪}$$

综合起来，用下式可求出应变计的灵敏系数，即

$$K = \frac{K_{仪}\, \varepsilon_{仪}}{4hf/l^2}$$

6. 电阻应变计横向效应系数的测定（测定装置见图 6-18）

在等强度梁表面上轴向和横向贴有两片应变计 R_1 和 R_2，当等强度梁受力弯曲时应变计 R_1 受拉应变，应变计 R_2 受压应变。

用电阻应变仪分别测量其相对电阻变化 $\left(\frac{\Delta R}{R}\right)_1$ 和 $\left(\frac{\Delta R}{R}\right)_2$，有下列公式

$$\left(\frac{\Delta R}{R}\right)_1 = K_{仪}\, \varepsilon_{1仪} = K_L\varepsilon_1 + K_B(-\mu\varepsilon_1)$$
$$= K_L\varepsilon_1 + K_B\varepsilon_2$$
$$\left(\frac{\Delta R}{R}\right)_2 = K_{仪}\, \varepsilon_{2仪} = K_B\varepsilon_1 + K_L(-\mu\varepsilon_1)$$
$$= K_L\varepsilon_2 + K_B\varepsilon_1$$

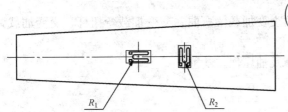

图 6-18　电阻应变计横向效应系数的测定装置

式中：$K_{仪}$ 为电阻应变仪灵敏系数设定值

（一般为 2.0）；K_L 为应变计纵向灵敏系数；K_B 为应变计横向灵敏系数；应变计的横向效应

系数 $H = \dfrac{K_B}{K_L} = \dfrac{\varepsilon_{2仪} + \mu\varepsilon_{1仪}}{\varepsilon_{1仪} + \mu\varepsilon_{2仪}} \times 100\%$。

电阻应变计横向效应系数中 $H < 1\%$（应变计出厂标准）。

7. 电阻应变花和静荷载下多点应变测量

掌握多点静态应变测量技术，学会用电阻应变花方法求解主应变和主方向。等强度梁装置连加载砝码，在等强度梁正、反面上各粘贴一组应变计，形成应变花。

将等强度梁上的两组电阻应变花与补偿块上温度补偿应变计接成半桥，预调零点后，在额定荷载下测量应变，加、卸载三次，分别记录各应变计初读数和末读数。用电阻应变花测量数据计算主应变和主方向，与计算轴向应变值比较，并讨论电阻应变花测量结果。

主应变及主方向的计算公式如下

$$\varepsilon_{\max(\min)} = \frac{\varepsilon_{0°} + \varepsilon_{90°}}{2} \pm \frac{\sqrt{2}}{2}\sqrt{(\varepsilon_{0°} - \varepsilon_{45°})^2 + (\varepsilon_{45°} - \varepsilon_{90°})^2}$$

五、注意事项

（1）实验过程中不许移动工作台。

（2）实验过程中不许推拉实验试件，以免试件或连接件掉下碰伤。

（3）不许揭开电阻应变片防护胶。

（4）不许拉应变片连接引线，以免损坏应变片。

（5）手轮螺旋加载过程中，不得随意过大加载，加载不得超过 80kg，以免损伤试件。

（6）传感器、负荷显示器及静态电阻应变仪在正式使用前应预热 30min 以上。

6.9　YDD-1 型多功能材料力学试验机

一、概述

YDD-1 型多功能材料力学试验机是针对当前高校材料力学实验教学领域设备陈旧、台套数少的特点而开发的新型实验教学设备，它将传统的拉、压、弯、扭等加载方式组合在一台试验机上完成，并结合现代传感技术及数据采集与处理技术对所有被测参量实现电测量。同时配备先进的数据采集分析和摄像设备，可在实验过程中将实验数据和实验现象同步保存，利于学生在实验后分析实验数据，重放实验现象。配备了网络教学功能，可实现网络同步教学，并为开放式实验教学打下基础。与传统实验设备相比具有以下特点：

（1）最为基本的拉压、扭转、弯扭实验组合在同一设备上完成。

（2）加载采用双向液压油缸提供拉压力加载。

（3）所有被测参量均采用电测量的方式，配有数据采集设备及相应的操作及学习软件。

（4）实时显示各种测量曲线。

（5）配有专为材料力学实验教学设计的交变加载梁弯曲、交变加载弯扭杆、交变加载弹性模量、压杆稳定等实验的配件。

（6）油缸活塞杆设有自动反向运行控制及油压保持功能。

（7）单通道采样频率高，最高为 200Hz。

二、技术指标

体积（长×宽×高）：　　　（1100×700×1680）mm

重量：	1200	kg
最大拉伸荷载：	100	kN
最大压缩荷载：	150	kN
拉伸夹头净距：	0～300	mm
压缩垫板净距：	0～255	mm
扭转夹头净距：	50～190	mm
拉伸夹头夹持范围：	ϕ10～18	mm
扭转试件装夹尺寸：	12×20	mm
拉伸荷载分辨率：	1.5/6	kg
油缸活塞杆位移分辨率：	0.012	mm
扭矩分辨率：	0.08/0.32	N·m
转角分辨率：	0.144/0.6	度
测量通道数：	8	
量程：	±2.5mV、±10mV、±5000mV	
最高采样频率：	200Hz	
准确度：	1级	

三、机构原理

试验机由加载机构、传感装置及数据采集三部分组成。

（1）加载机构：指完成对试件进行装夹、加载的所有相关机构的总称，也称为主机。

（2）传感装置：指将被测物理量以电信号形式向外传输的各类传感器。

（3）数据采集部分：指对各类传感器输出的电信号进行预处理、采集、保存、分析的装置，硬件部分由 YDD－1 型测试分析仪、微型计算机组成。

多功能材料力学试验机整机组成如图 6－19 所示。

图 6-19 多功能材料力学试验机整机组成

1. 加载机构

提供最基本的拉伸、压缩、扭转三种加载形式，其他加载形式如弯曲、弯扭组合等由上述加载形式通过相应的装置转换生成。

拉、压加载由液压油缸提供，扭转加载由电机带动减速箱实现。加载装置包括机架、动力装置、装夹装置及控制装置等。

机架为型钢组成的门式结构，由左右立柱、上下横梁及中间支架组成。

拉压定端固定在上横梁上，带有拉压力传感器的油缸安装在门式结构的下横梁上。

在左立柱上部设置前凸支撑板固定扭矩传感器，扭转上夹头通过扭转轴可在扭矩传感器内上下滑动并传递扭矩，与扭转下夹头相连的扭转减速机安装在中间支架上。

弯曲梁支座固定在两立柱的内侧，可实现铰支、固支两种支座形式。在右立柱中部设有弯扭杆根部固定端安装套。这样，安装不同的试件及夹头，通过油缸活塞杆的上下移动，就实现了拉、压、弯和弯扭组合等加载形式，通过电机带动减速机实现了扭转加载。

泵站部分安装在工作平台的下部右侧，在工作平台前侧左下部设有电气控制箱，控制按钮设置在工作平台的前侧。

拉伸、压缩、扭转试验试件为国标试件，试件夹头以安装方便、体积最小为原则。

多功能材料力学试验机各部件如图 6-20 所示。

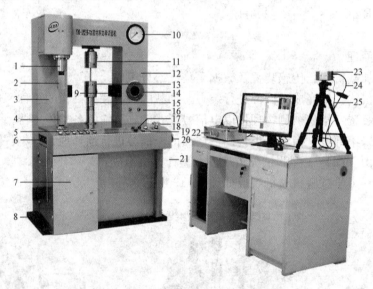

图 6-20　多功能材料力学试验机各部件

1—扭矩传感器；2—扭转上夹头；3—试验机左立柱；4—扭转下夹头；5—控制按钮；6—传感器信号输出插座；
7—电器柜；8—试验机底座；9—梁弯曲支座；10—液压表；11—拉、压上夹头；12—试验机右立柱；
13—拉、压下夹头；14—弯扭组合法兰端；15—油缸活塞杆；16—扩展输出端（备用）；17—急停按钮；
18—进油手轮；19—扭转调速旋钮；20—回油手轮；21—传感器线；22—数据采集分析系统；
23—高清摄像一体机；24—S端子线；25—适配器供电线

2. 可实现实验项目简介

（1）拉伸实验：拉伸试件的装夹采用两瓣锥形夹紧方式，实验时首先将上夹头旋松为铰接状态，然后再将装有夹头的试件安装在上下夹头内（一般先装上夹头部分），当控制油缸活塞杆带动下夹头下行时，试件便受到拉力。如图 6-21 所示。

（2）压缩实验：采用具有自动找正功能的球面垫板，实验时将试件找正放在垫板中央，当控制油缸活塞杆带动下夹头上行时，试件便受到压力。如图6-22所示。

图6-21 拉伸实验

图6-22 压缩实验（上部承压板固结）

（3）扭转实验：试件装夹采用将两端铣平的试件直接插入带锥矩形槽口的方式，带锥矩形槽口对试件具有轴向定位及自动找正的功能，启动正向或反向扭转，试件便受到扭矩。如图6-23所示。

（4）测定材料弹性模量和泊松比电测实验：试件为带有偏心加载孔矩形截面的试件，可进行拉压交变加载及偏心拉、压实验。试件装夹及加载控制同拉伸实验。如图6-24所示。

图6-23 扭转实验

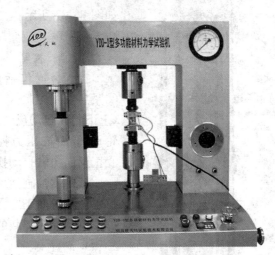

图6-24 弹性模量和泊松比电测实验

（5）弯曲正应力电测实验：采用四点弯曲梁试件，两端通过销轴与弯曲支座相连，加载分配梁通过销轴与油缸活塞杆相连接，这样当控制油缸活塞杆上下移动时，梁便受到反复弯曲加载。如图6-25所示。

（6）弯扭组合主应力与等强度梁电测实验：试件敏感部分为薄壁圆管，加载力臂为等强度梁，固定端安装在右立柱的固定孔内，加载端通过销轴与油缸活塞杆相连，这样当控制油缸活塞杆上下移动时，薄壁圆管便受到反复弯扭加载，等强度梁便受到反复弯曲加载。如图 6 - 26 所示。

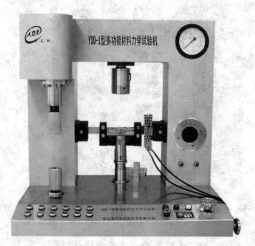
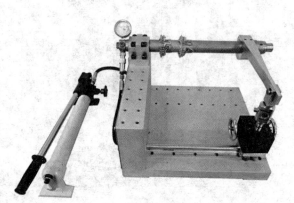

图 6 - 25　弯曲正应力电测实验　　　　　　图 6 - 26　弯扭组合主应力与等强度梁电测实验

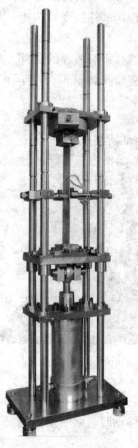

（7）压杆稳定实验：压杆失稳是压杆稳定平衡状态的改变，压杆失稳的过程是压杆的稳定平衡状态由直线平衡状态向弯曲平衡状态改变的过程，若失稳过程中荷载可控，压杆将建立弯曲平衡状态，其承载力为临界荷载。若失稳过程中荷载不可控，压杆将无法建立弯曲平衡状态，横向变形持续增加直至压杆屈服破坏。如图 6 - 27 所示。

（8）薄片应变测试原理实验，如图 6 - 28 所示。

3. 加载控制

控制装置包括电气及液压控制，设有：①电源开关控制。②紧急停止控制。③油缸活塞杆上下行方向控制。④油缸活塞杆（上下行）自动反向控制。⑤油缸活塞杆上下行速度控制（进油手轮）。⑥油缸压力控制（压力控制手轮）。⑦正反向扭转控制。⑧正反向扭转自动换向控制。⑨转速调节控制等。

其中"油缸活塞杆上下行限位控制"、"油缸活塞杆自动反向控制"在弯曲正应力电测实验中能对被测试件起到较好的安全保护及自动反向加载的作用。

4. 传感部分

采用各种类型的传感器将各种非电量转化成电量来测量，主要包括以下传感器：①拉、压力传感器。②油缸活塞杆位移传感器。③扭矩传感器。④转角光电编码器。⑤应变计。

（1）拉、压力传感器：采用 20t 轮辐式传感器，一端固定在油缸底部，一端固定在试验机底板上，可直接测量拉压力的大小及方向，即可直接测量试件所受荷载的大小。

图 6 - 27　带侧向支撑的压杆稳定实验

图 6-28　薄片应变测试原理实验

（2）油缸活塞杆位移传感器：采用 200mm 差动变压器式位移传感器，采用内装的形式，一端固定在油缸底部，一端与活塞杆相连，输出为 −5V～+5V 电压信号。

（3）扭矩传感器：采用中空式结构形式，法兰端固定在左立柱顶端，为扭转的定端，敏感元件通过滑动轴与扭转固定夹头相连，输出为电阻应变的形式。

（4）转角光电编码器：采用增量式空心轴光电编码器，动端安装在扭转减速机输出轴上，定端固定在机架上，以输出方波的数量反映转角的大小。

（5）应变计：采用 BE 系列薄式应变计，主要用于材料弹性模量和泊松比的实验、扭转测 G、弯曲正应力电测实验、弯扭组合主应力电测实验、压杆稳定实验中应变的测试。

5. 数据采集与处理部分

数据采集与处理部分采用前置机与计算机相结合的方式。前置机为 YDD-1 数据采集分析系统，设置八个通道（CH）（见图 6-29），每个通道均可对应变、电压进行测量，且可设置不同的比例系数、常量等，以适应不同种类、不同系数的被测量。

1通道 2.5mV挡 测拉压力 10mV挡 测应变	2通道 2.5mV挡 测扭矩 10mV挡 测应变	3通道 10mV挡 测应变 5000mV挡 测位移	4通道 10mV挡 测应变 5000mV挡	5通道 10mV挡 测应变 5000mV挡	6通道 10mV挡 测应变 5000mV挡	7通道 10mV挡 测应变 5000mV挡 转向判断	8通道 10mV挡 测应变 5000mV挡 测转角

图 6-29　八个通道示意图

图 6-29 中第 7、8 通道又可用于扭转实验时对转角进行测量，7 通道用于正反转判断，8 通道用于转角脉冲测量。

YDD-1 数据采集分析系统实时将测得数据传输给计算机，计算机则利用其高速运算功能对采集来的信号进行后续处理，以实时曲线、X-Y 函数曲线、棒图等方式显示测量结果，并可以转化成多种格式的数据文件。

为方便双向加载的自动转换及确保实验的安全，设置了通道上下限报警功能，可任选一个通道作为报警通道。当选择拉压自动控制后，报警时，油缸活塞杆会自动反向运行；当选择扭转自动控制后，报警时，扭转电机会自动反向运行；在未选择自动控制的情况下，报警时，当前的动作（拉、压或扭转）停止。

四、操作步骤

本试验机为多功能试验机，每项实验（试件的类型、加载的方式、测量的参量及实验过程）虽各不相同，但都由准备试件、测量试件原始参数、系统工作压力调定、装夹试件、连接测试线路、设置采集环境、设定限位、加载测试、后续处理等全部或几部分组成。

1. 准备试件

为利于反映材料在受力状态下的力学性能，不同的实验对试件有不同的要求，合理的试件形状及加载测试方案是成功完成实验的前提。

2. 测量试件原始参数

测量试件与该实验有关的原始数据，并做好记录。

3. 系统工作压力调定

对于非破坏性实验，如纯弯梁实验等为防止由于学生误操作导致的试件损坏，须将系统的压力调至安全范围内。

首先根据不同的实验需要计算安全荷载大小，并调整系统油压。如梁弯曲实验极限承载力不超过 12kN，为保证试件及实验设备的安全，应将液压系统的最大输出荷载调至小于 12kN。调整时，打开加载控制手轮至常用加载位置，轻轻关闭压力控制手轮，将油缸上行或下行至极限位置，通过调节压力控制手轮开口的大小，将压力表的读数调整至指定值。

试件装夹时应保持压力控制手轮的位置不动，实验过程中若发现荷载不足或过大，可轻轻旋紧或旋松压力控制手轮，以调整系统的压力，但调节过程要缓慢进行，并确保在调节过程中，进油手轮处于打开的位置，因为只有在进油手轮处于打开位置的时候，压力表指示的压力才是真正的系统压力。

4. 装夹试件

试件的装夹是试件加载的前提，不同类型的实验试件的装夹方式不同。本试验机试件夹头可以满足实验教学用标准试件的安装要求，并以安装方便、体积最小为原则。

（1）拉伸试件的装夹采用两瓣锥形夹紧方式。

（2）扭转试件装夹采用将两端铣平的试件直接插入带锥矩形槽口的方式。

（3）测定材料弹性模量和泊松比实验的试件采用螺母与凸台交替受力的方式。

（4）弯曲正应力电测实验采用销轴连接的方式。

5. 连接测试线路

根据不同的测试任务及通道的特性，连接相应的测试线路。

仪器的量程：

1、2 通道：2.5/10mV；其余通道：10/5000mV。

工作滤波频率为 1～7 通道：28Hz；8 通道：56Hz。

需要注意的是：在扭转实验时，7 通道为转向判断通道，需连接转向判断电压通道，8 通道为转角脉冲测试通道，需与转角脉冲通道相连接。

6. 设置采集环境

采集准备包括：采样参数的设置、通道参数的设置、窗口参数（数据显示方式）的设置等。在试件处于非受力状态时，进行平衡及清零处理，确认满足要求后启动数据采集。

采样参数的设置包括：加载类型（拉压/扭转）、采样频率、实时压缩时间、报警通道及参数的选择等。其中，报警通道及参数的选择对于保证实验的安全，提高实验的自动化程度有着重要的作用。报警时，采集设备会输出一开关量，用于控制油缸停止或反向运行。设置报警参数时需特别注意报警参数与报警动作的协调性。如图 6-30 所示。

7. 安全设定

在所有实验过程中，操作人员都应在停止试验机运行后，结束计算机数据采集。

对于小荷载非破坏性实验（如压杆稳定等），或交变加载的实验（如弯扭组合实验、纯弯梁实验等），为防止由于学生误操作导致的试件损坏，实验前须将系统的压力调至安全范围内。方法参见本页四、操作步骤中的第 3 条系统工作压力调定。

图 6 - 30 采样参数

数据采集分析系统中还设置有同步停止辅助功能：当实验人员首先停止数据采集时，数据采集分析系统会自动发送一个电压控制信号，使运行中的试验机油缸活塞杆停止动作 5s 并报警，提示操作人员关闭进油手轮，避免试件过载。

注意：操作者仍然应该在关闭试验机后，停止数据采集。

这样，对于一个实验就设置了"系统工作压力"、"通道报警"两级保护措施。

8. 加载测试

在门式框架内相对于试验机上横梁而言，油缸活塞杆下行便产生拉的趋势；油缸活塞杆上行便产生压的趋势。相对于扭转定端，当扭转电机启动后便产生扭转的趋势。不同的实验加载类型各不相同，但基本的加载方式仅为拉、压及扭转。其他类型加载，如梁弯曲、弯扭组合等都由基本的拉、压加载方式直接或间接实现。所以对试件加载的控制过程实际上是控制油缸活塞杆上、下运行及扭转电机启动、停止的过程。

（1）拉、压加载。确定油缸活塞杆上、下行状态的控制元素有：油缸活塞杆运行方向、油缸活塞杆运行速度、工作压力、限位报警后是否自动换向等。其中，油缸活塞杆运行方向、油缸活塞杆运行速度、工作压力是必选项。

对应的电气及液压控制元件为："压缩上行"按钮、"拉伸下行"按钮、"油泵启动"按钮、"油泵停止"按钮、"进油控制"手轮、"压力控制"手轮、"自控启动"按钮、"自控停止"按钮。

各电气及液压控制元件的具体功能为：

①"油泵启动"按钮：按下此按钮，油泵启动。

②"油泵停止"按钮：按下此按钮，油泵停止。

③进油控制手轮：控制油缸活塞杆上、下行的速度。逆时针旋转加载速度加快，顺时针旋转加载速度减慢，直至关闭。

④压力控制手轮：控制拉、压油缸的最大油压。顺时针旋转压力增大，直至关闭压力最大；逆时针旋转压力减小。

⑤"压缩上行"按钮：无论活塞杆当前是停止或下行状态，按下活塞杆上行按钮，油缸活塞杆运行时都将向上运行。

⑥"拉伸下行"按钮：无论活塞杆当前是停止或上行状态，按下活塞杆下行按钮，油缸活塞杆运行时都将向下运行。

⑦拉压自控按钮：按下此按钮，油缸活塞杆运行限位动作后自动转换运行方向。即当上行限位器动作后，油缸活塞杆自动下行，反之亦然。

（2）扭转加载。确定扭转加载的控制元件有：扭转方向、扭转启动、停止等。

对应电气及液压控制件为："正向扭转"按钮、"反向扭转"按钮、"加载停止"按钮。

各电气控制元件的具体功能为：

①"正向扭转"按钮：按下此按钮，扭转电机正向（逆时针）扭转加载。

②"反向扭转"按钮：按下此按钮，扭转电机反向（顺时针）扭转加载。

③"加载停止"按钮：按下此按钮，正在扭转的电机将停止；同时正在运行的油缸活塞杆将停止运行。

④"扭转自控按钮"：按下此按钮，扭转报警动作后自动反向扭转。

⑤"扭转调速"转轮：顺时针旋转电机转速加快，反之降低。操作面板上匹配有电机供电频率数显窗口。实验时可根据不同实验阶段进行相应调整。如图 6-31 所示。

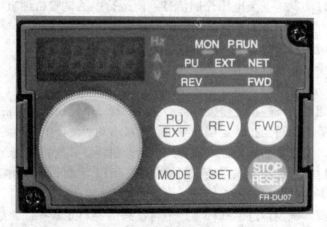

图 6-31　扭转调速面板

五、各实验项目中试件参数设置对照表

各实验项目中试件参数设置对照表见表 6-1。

表 6-1　　　　　　　　　　各实验项目中试件参数设置对照表

序号	名称	技术参数
1	多支座形式梁反复纯弯曲实验装置	长×宽×高：（480×28×32）mm 单片应变计电阻：120Ω　应变计灵敏度系数：2.06 双片串联电阻：240Ω　应变计灵敏度系数：2.06 加载点间距：200mm 材质：45# 弹性模量：210GPa

序号	名称	技术参数
2	交变加载带内压弯扭组合实验装置	尺寸：（600×420×330）mm 试件尺寸：$\phi48×4\sim500$mm 试件材料：45#钢 横截面外径 D_{max}（mm）：48mm 横截面内径 D_{min}（mm）：40mm 横截面面积 A（mm^2）：552.9 抗弯模量 W_z（mm^3）：5621 抗扭模量 W_p（mm^3）：16506 横向变形系数 μ：0.3 扇形臂长度 L（mm）：300 扇形臂加载点到测量点长度：L_0（mm）150、225 平均直径 D_0（mm）：44 壁厚 t（mm）：4 弹性模量 E（MPa）：210000
3	交变加载等强度梁实验装置	尺寸：（380×32×38）mm 加载点与支座距离：300mm 加载点与测量点距离：120、200mm 截面斜率：1/6 应变计电阻：120Ω 应变计灵敏度系数：2.06
4	拉、压加载弹性模量及泊松比实验装置	试件尺寸：（170×64×12）mm 截面尺寸：（36×12）mm
5	有侧向干扰的压杆稳定实验装置	最大竖向荷载：50kN 压头的最大行程：150mm 试件尺寸：（320×50×3）mm 试件初弯曲：$\leqslant1/10000$ 应变计电阻：120Ω 应变计灵敏度系数：2.06 整体尺寸：（350×200×1200）mm
6	扭转测剪切弹性模量 G 实验装置	试件直径：$\phi10$ 应变计电阻：120Ω 应变计灵敏度系数：2.06
7	剪切实验装置	试件直径：$\phi10$
8	偏心拉伸实验装置	试件尺寸：（170×64×12）mm 截面尺寸：（36×12）mm
9	薄片弯曲、拉伸应变源及应变片工作原理实验装置	靠模底板尺寸：（1000×100×22）mm 薄片厚度尺寸：（330×35×0.2）mm 应变计电阻：120Ω 应变计灵敏度系数：2.06

六、各实验项目中数据采集分析系统通道选择及参数设置对照表（见表 6-2）

表 6-2　各实验项目中数据采集分析系统通道选择及参数设置对照表

序号	实验项目	力	位移	扭矩	转角	转向判断	应变	参数设置
1	拉伸实验	CH1 电压测量 单位:kN $b(x)=49$(或50) 满度值:125(50×2.5)	CH3 电压测量 单位:mm $b(x)=0.04$ 满度值:200	—	—	—	—	采样方式:拉压测试 采样频率:200Hz 报警通道:不选
2	压缩实验	CH1 电压测量 单位:kN $b(x)=-49$(或-50) 满度值:500(50×10)	CH3 电压测量 单位:mm $b(x)=-0.04$ 满度值:200	—	—	—	—	采样方式:拉压测试 采样频率:200Hz 报警通道:不选
3	扭转实验	—	—	CH2 电压测量 单位:N·m $b(x)=275$ 满度值:688	CH8 脉冲计数 单位:deg $b(x)=0.144$ 满度值:720	CH7 电压测量 单位:mV $b(x)=1$ 满度值:5000	—	1. 普通单向测试方式: 采样方式:扭转测试 采样频率:200Hz 报警关闭 2. 如需自动进行正反向双向扭转测试: 扭转测试 采样频率:200Hz 扭矩报警通道:CH2(60~70N·m) 转角报警通道:CH8(50 deg) 换向判断通道:CH7

续表

序号	实验项目	力	位移	扭矩	转角	转向判断	应变	参数设置
4	弹性模量泊松比电测实验	CH1 电压测量 单位:kN $b(x)=49$(或50) 满度值:125(50×2.5)	—	—	—	—	CH4、CH5 应变应力 单位:$\mu\varepsilon$ $b(x)=1$ 满度值:选小量程 桥路类型:方式 应变计电阻: ①双片(串联):240Ω(推荐); ②单片:120Ω, 导线电阻:0.2, 灵敏度系数:2.06	采样方式:拉压测试 采样频率:20~100Hz 报警通道:CH1(测力通道) 报警上限:45kN 报警下限:-0.1kN
5	梁弯曲电测实验	CH1 电压测量 单位:kN $b(x)=49$(或50) 满度值:125	—	—	—	—	CH2~CH8 应变应力 单位:$\mu\varepsilon$ $b(x)=1$ 满度值:选小量程 方式 桥路类型:方式 应变计电阻: ①双片(串联):240Ω(推荐); ②单片:120Ω 导线电阻:120Ω 灵敏度系数:0.2, 2.06	采样方式:拉压测试 采样频率:20Hz 报警通道:CH1(测力通道) 报警上限:12kN 报警下限:-12kN

续表

序号	实验项目	力	位移	扭矩	转角	转向判断	应变	参数设置
6	弯扭组合电测实验	CH1 电压测量 单位:kN $b(x)=1.715$ 满度值:125(50×2.5)	—	—	—	—	CH2~CH8 应变应力 单位:$\mu\varepsilon$ $b(x)=1$ 满度值:选小量程 桥路类型:方式 — 应变计电阻:120Ω 导线电阻:0.2 灵敏度系数:2.06	采样方式:拉压测试 采样频率:20~100Hz 报警通道:CH1(测力通道) 加载上限:3kN
7	等强度梁电测实验	CH1 电压测量 单位:kN $b(x)=1.715$ 满度值:125(50×2.5)	—	—	—	—	CH2~CH8 应变应力 单位:$\mu\varepsilon$ $b(x)=1$ 满度值:选小量程 桥路类型:方式 — 应变计电阻:120Ω 导线电阻:0.2 灵敏度系数:2.06	采样方式:拉压测试 采样频率:20~100Hz 报警通道:CH1(测力通道) 加载上限:3kN

续表

序号	实验项目	力	位移	扭矩	转角	转向判断	应变	参数设置
8	压杆稳定实验	CH1 电压测量 单位:kN $b(x)=1.715$ 满度值:125(50×2.5)	—	—	—	—	CH4,CH5 应变应力 单位:$\mu\varepsilon$ $b(x)=1$ 满度值:选小量程 桥路类型:方式 — 应变计电阻:120Ω 导线电阻:0.2 灵敏度系数:2.06	采样方式:拉压测试 采样频率:20Hz 应变测试通道:CH4,CH5

6.10　千分表、百分表及双表引伸计

一、千分表及百分表

千分表利用齿轮放大原理制成，结构外形如图 6-32 所示，主要用于测量位移。工作时，将千分表细轴的触头紧靠在被测量的物体上，物体的变形将引起触头的上下移动，细轴上的平齿便推动小齿轮及和它同轴的大齿轮共同转动，大齿轮带动指针齿轮，于是大指针随之转动。如果大指针在刻度盘上每转动一格表示触头的位移为 1/1000mm，则放大倍数为1000，称为千分表；若大指针每转动一格表示触头的位移为 1/100mm，则称为百分表。大指针转动的圈数可由量程指针予以记忆。百分表的量程一般为 5～10mm，千分表则为 3mm左右。

安装千分表时，应使细轴的方向（亦即触头的位移方向）与被测点的位移方向一致；对细轴应选取适当的预压缩量。测量前可转动刻度盘，使指针对准零点。

二、双表引伸计（蝶式引伸计）

在双表引伸计变形传递架的左、右两部分上各有一个标杆，标杆上各有一个上刀口，如图 6-33 所示。传递架的左、右两部分上还各自装有一个活动的下刀口。下刀口实际上是杠杆的一端，杠杆的支点在中点位置，另一端则与千分表（或百分表）的触头接触。上刀口由夹紧架弹簧、下刀口由传递架上的弹簧安装在试样上，上、下刀口间的距离即为标距。试样变形时上刀口不动，下刀口绕杠杆支点转动，因而杠杆的另一端推动千分表。由于支点在杠杆的中点，因此千分表触头的位移与下刀口的位移相等。

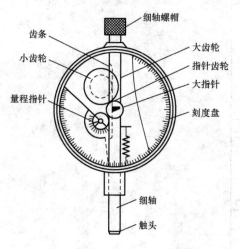

图 6-32　千分表结构外形

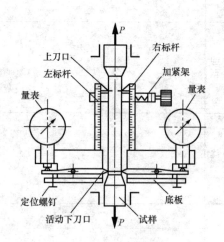

图 6-33　双表引伸计

通过改变上刀口在标杆上的位置即可得到不同的标距。按照国家标准的相关规定，一般取 50mm 和 100mm 两种标距。

双表引伸计安装注意事项：

（1）选定标距，检查标杆和标杆上上刀口的紧固螺钉是否拧紧，两个上刀口是否对齐。

（2）给两个千分表一定的预压缩量，最好使两者的预压缩量相等。

（3）引伸计安装在试样上时，上、下四个刀口的四个接触点与试样轴线应大致在同一平

面内。测量前可调整千分表的指针指在零点。

6.11 刻 线 机

一、用途

刻线机是用来刻划拉伸圆试样的圆周线的，一般可将标距长度为 100mm 的标准试样刻成 10 等份，如图 6-34 所示。在做拉伸实验的过程中，可以通过等分格长度的变化情况观察材料的塑性变形情况，测定材料的断后伸长率（具体可参照拉伸实验的相关内容）。

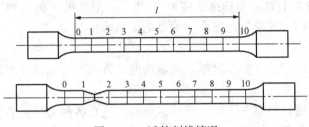

图 6-34 试件刻线情况

二、结构

图 6-35 所示为 KJ-20 型刻线机。该刻线机由摇把、顶锥、刻刀、垫圈、紧定螺钉、刀架、压柄、推拉柄、滑块、齿条等组成，可刻试样的全长范围是 160～200mm；对需要刻线的不同长度的试件，可通过增减顶尖杆上的垫圈数目，完成夹持和刻线。例如，对标距 $l=100$mm 的试件，刻线间隔可选 10mm；对标距 $l=80$mm 的试件，刻线间隔可选 8mm。

图 6-35 KJ-20 型刻线机

三、操作方法

（1）拉动右边顶锥，装上试样。

（2）调好刻刀角度，使刀刃能压在试样的适当位置上。

（3）调整刀架下端紧定螺钉，可使刻出的标距线位于试样中部，且对称分布。

（4）右手同时握在推拉柄及压柄上，压握压柄使定位卡离开齿条，对准齿条上面的定位齿，松开压柄使定位卡卡住齿条，放下刀架，使刀刃压在试样上。注意：推拉滑块时，刀架必须抬起，使刀刃离开试样。

（5）左手顺时针摇动摇柄一周，即可在试样上刻划出一圆周线痕印。

（6）重复上述过程，即可刻出全部圆周线。

6.12 XL2118B 型力/应变综合参数测试仪

一、概述

XL2118B 型力/应变综合参数测试仪采用最新嵌入式 MCU 控制技术，通过精心设计将原来由两台仪器完成的工作由一台仪器有机地结合在一起，因此占实验空间更小，使用更方便；同时，可选配 RS-232C 串行接口与配套测试软件，可与绝大多数计算机直接连接，可方便地实现显示、存储、参数修正及生成测试报告的工作，组成一套静态应变测量虚拟仪器测试系统。

该综合参数测试仪通过配接各类材料力学多功能实验台，采用双 LED 同时显示，测力（称重）与普通应变测试同时并行工作且互不影响。测力部分通过对测量参数的正确设置，能适配绝大多数应变力（称重）传感器，测量精度高；应变测量部分采用现代应变测试中常用的预读数法自动桥路平衡的办法，增强学生对现代测试，尤其是虚拟仪器测试基本概念和使用方法的了解。XL2118B 自动扫描速度为 12 点/s，测量迅速而且准确，其性能指标在材料力学电测中已达到国内现阶段静态应变测量的最高水平。

二、性能特点

（1）全数字化智能设计，操作简单，测量功能丰富，并可选配计算机网络接口及软件与微机组成虚拟仪器测试系统。

（2）组桥方式全面，可组 1/4 桥、半桥、全桥，适合各种力学实验。

（3）配接力传感器测量拉压力，传感器配接范围广、精度高（0.01%）。

（4）测点切换采用进口优质器件程控完成，减少因开关氧化引起的接触电阻变化对测试结果的影响。

（5）采用仪器上面板接线方式，接线简单、方便；接线端子采用进口端子，接触可靠，不易磨损。

三、主要技术指标

（1）测量范围：应变为 $0 \sim \pm 19999 \mu\varepsilon$；拉压力测量适配满量程为 $1 \sim 10000$，输出灵敏度范围为 $1.000 \sim 3.000 \text{mV/V}$ 的拉压力应变传感器，测试单位为 N、kN、kg、t（分辨率为 $\pm 0.01\%$）。

（2）零点不平衡范围：$\pm 10\,000 \mu\varepsilon$。

（3）灵敏系数设定范围：$1.00 \sim 3.00$。

（4）基本误差：$\pm 0.2\%\text{FS} \pm 3$ 个字。

（5）自动扫描速度：12 点/s。

（6）应变测量方式：1/4 桥、半桥、全桥。

（7）零点漂移：$\pm 3 \mu\varepsilon/4h$；$\pm 1 \mu\varepsilon/℃$。

（8）桥压：DC 2V。

（9）分辨率：$1 \mu\varepsilon$。

（10）测点数：1 点测力，12 点应变。

（11）显示：应变 8 位 LED（2 位测点序号、6 位测量值），4 个工作状态指示；测力 6 位 LED，4 个测量单位指示灯（N/kN/t/kg）。

（12）电源：AC 220V（$\pm 10\%$），50Hz。

（13）功耗：约 15W。

（14）外形尺寸（mm）：$300 \times 320 \times 145$（宽×深×高），其中深度含仪器把手。

四、面板说明

(一) 前面板说明

XL2118B 型力/应变综合参数测试仪前面板如图 6-36 所示。

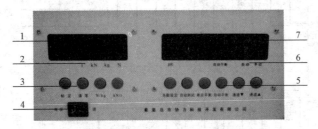

图 6-36 XL2118B 型力/应变综合参数测试仪前面板

1—测力模块测量值显示窗口 1, 6 位 LED 荷载测量值显示窗口; 2—测力模块测量单位指示灯, 测量单位指示发光二极管 "t、kN、kg、N"; 3—测力模块功能按键, 从左至右依次为 "设定" 键, "清零" 键, "N/kg"、"kN/t" 转换键, 具体功能在使用方法中介绍; 4—电源开关, 开启/关闭仪器电源; 5—应变模块功能按键, 从左至右依次为 "系数设定"、"自动测试"、"单点平衡"、"自动平衡"、"通道▼"、"通道▲" 键, 具体功能在使用方法中介绍; 6—应变模块测量单位及功能指示灯, 测量单位及功能指示发光二极管 "με"、"自动平衡"、"自动"、"手动" 键; 7—应变模块显示窗口, 2 位 LED 通道序号显示, 6 位 LED 测量值显示

(二) 后面板说明

XL2118B 型力/应变综合参数测试仪后面板如图 6-37 所示。

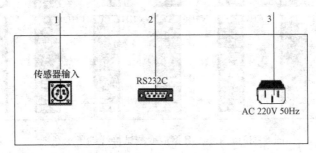

图 6-37 XL2118B 型力/应变综合参数测试仪后面板

1—专用航空插座, 荷载传感器信号输入插座; 2—计算机接口, 计算机控制时通信接口;
3—电源插座, AC 220V 交流电源输入插座, 内置保险管

五、组成及结构

XL2118B 型力/应变综合参数测试仪的组成及结构如图 6-38 所示。

六、使用及维护

(一) 应变测量模块的使用方法

(1) 根据测试要求, 使用 1/4 桥 (半桥单臂、公共补偿)、半桥或全桥测量方式。

(2) 建议尽可能采用半桥或全桥测量, 以提高测试灵敏度及实现测量点之间的温度补偿。

(3) 将 XL2118B 与 AC 220V、50Hz 电源相连接。

(4) 打开仪器上面板, 会看到接线部分, 见图 6-39。

这些端子由 16 个测量通道接线端子 (接测量片) 和 1 个公共补偿接线端子 (用于 1/4 桥—半桥单臂测试) 组成。各测点中接线端子 A、B、C、D 的定义参见图 6-40。B1、D1、

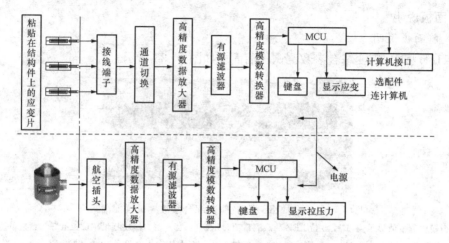

图 6-38 XL2118B 型力/应变综合参数测试仪的组成及结构

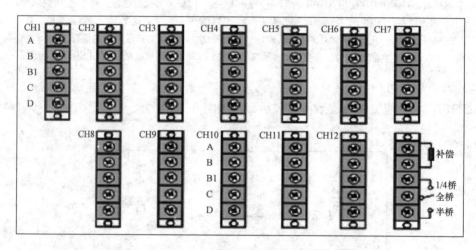

图 6-39 XL2118B 型应变测试接线端子示意图

D2、D3 为测量电桥的辅助接线端，以实现 1/4 桥、半桥、全桥测量方式的混合接线。

（5）组桥方法。XL2118B 主机由 12 个测点组成，可接成 1/4 桥（半桥单臂）、半桥、全桥，具体接法见图 6-41～图 6-43。

为方便用户使用，1/4 桥测试时连接 B 和 B1 端，出厂时配接短接线或短接片。

注意：只有 1/4 桥测试时将短接线连好，半桥/全桥测试时应将 B 与 B1 之间的电气连接断开，否则可能会影响测试结果。同时，该测试仪不支持三种组桥方式的混接。

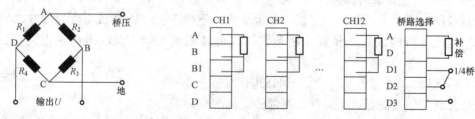

图 6-40 电桥原理示意图   图 6-41 1/4 桥接线方法

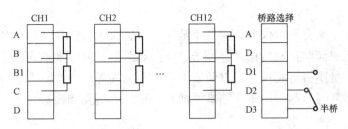

图 6-42 半桥接线方法

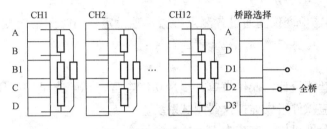

图 6-43 全桥接线方法

（6）测量参数设定。根据实际测试需要接好桥路后，首先打开电源，预热 20min 后，如果实验环境、被测对象及测试方法均没有变动，就可直接进行实验而无需进行测量系数设定了。因为上次实验设置的数据已被 XL2118B 存储到系统内部。

（7）测量。

1）系数设定键：按该键 3s 后进入应变片灵敏系数修正状态。灵敏系数设置完毕后自动保持，下次开机时仍生效。

2）自动测试键：在手动测量状态，按该键一次，则进入自动扫描测试状态。

3）单点平衡键：在手动测量状态，对当前测点进行桥路自动平衡操作。

4）自动平衡键：对本机全部测点自动扫描从第 01 号测点到 12 号测点进行全部测点的桥路平衡（预读数法）。平衡完毕后返回到 01 号测点。

5）通道减键：在手动测量状态，按键一次，当前测点序号减 1，并显示对应测点的应变值。

6）通道增键：在手动测量状态，按键一次，当前测点序号增 1，并显示对应测点的应变值。

（二）使用注意事项

（1）1/4 桥测量时，测量片与补偿片阻值、灵敏系数应相同，同时温度系数也应尽量相同（选用同一厂家同一批号的应变片）。

（2）接线时如采用线叉，则应旋紧螺栓；同时，测量过程中不得移动测量导线。

（3）长距离多点测量时，应选择线径、线长一致的导线连接测量片和补偿片。同时，导线应采用绞合方式，以减少导线的分布电容。

（4）仪器应尽量放置在远离磁场源的地方。

（5）应变片不得置于阳光暴晒下；同时，测量时应避免高温辐射及空气剧烈流动的影响。

（6）应选用对地绝缘阻抗大于 $500M\Omega$ 的应变片和测试电缆。

（三）维护

（1）该仪器属于精密测量仪器，应置于清洁、干燥及无腐蚀性气体的环境中。

（2）移动搬运时应防止剧烈振动、冲击、碰撞和跌落，放置地点应平稳。

（3）非专业人员不得拆装仪表，以免发生不必要的损坏。

（4）禁止用水和强溶剂（如苯、硝基类油）擦拭仪器机壳和面板。

6.13　XL2101B2＋静态应变仪

XL2101B2＋静态应变仪能通过各测点参数单独设定，同时测量应变、拉压力、位移等物理量（$\mu\varepsilon$/kN/mm）。

一、性能特点

（1）全数字化智能设计，操作简单，测量功能丰富，并可选配 2101B-K1 接口，配该接口后可与微机及相应软件组成虚拟仪器测试系统。

（2）各测点可分别组桥，方式为 1/4 桥、半桥、全桥。

（3）在各测点参数单独设定状态，能同时测量拉压力、应变、位移，因此该仪器功能全面、适合较复杂的测量。

（4）配接力传感器能测量拉压力（单位 kN），配接位移计能测量位移（单位 mm）。

（5）测点切换采用进口真空继电器程控完成，减少因开关氧化引起的接触电阻变化对测试结果的影响。

二、主要技术指标

（1）测量范围：应变为 $0\sim\pm10000\mu\varepsilon$，位移为 $0\sim\pm100.00$mm 拉压力测量适配 $1\sim2000$kN 的拉压力应变传感器。

（2）零点不平衡范围：$\pm5000\mu\varepsilon$。

（3）系数设定范围：1.00～3.00。

（4）基本误差：$\pm0.2\%$FS±3 个字。

（5）自动扫描速度：1 点/3s。

（6）测量方式：1/4 桥、半桥、全桥。

（7）零点漂移：$\pm3\mu\varepsilon$/4h，$\pm1\mu\varepsilon$/℃。

（8）桥压：DC 2V。

（9）分辨率：$1\mu\varepsilon$。

（10）测点数：B2＋10 点、B3＋16 点。

（11）显示：8 位 LED（2 位测点序号、6 位测量值）。

（12）电源：AC 220V（$\pm10\%$）、50Hz。

（13）功耗：约 15W。

（14）外形尺寸（mm）：300×305×115（宽×深×高），其中深度含仪器把手。

三、面板说明

1. 前面板说明

XL2101B2＋静态应变仪前面板如图 6-44 所示。

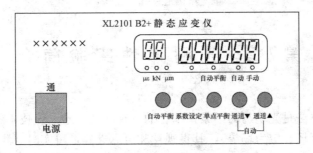

图 6-44　XL2101B2＋静态应变仪前面板

2. 后面板说明

XL2101B2＋静态应变仪后面板如图 6-45 所示。

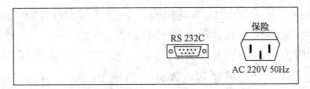

图 6-45　XL2101B2＋静态应变仪后面板

其他性能及使用方法与 XL2118B 类似，这里不再赘述。

第7章 光测弹性实验简介

光测力学测试方法是光学与力学紧密结合的一种测试技术。该技术的最大特点是测量一个场（位移场、应变场、应力场等），其直观性和可靠性高，可实时观测并且为非接触测量，能有效、准确地确定构件受力后的分布情况。光测法有多种，一般将普通光弹性法、三维光弹性法、贴片光弹性法、云纹法、散斑法等列为经典光测力学实验方法，将云纹干涉法、全息干涉法、数字散斑相关法、电子散斑干涉技术、光纤应变测试方法等列为近代光测力学实验方法。在光测方法中，有一些是利用构件、试样自身的光学特性（如光弹性法），利用模型材料本身的暂时双折射现象来进行测量；还有一些（如云纹干涉法）是通过附加传感元件，利用光栅将力学参量转化为光参量来进行测量。下面主要介绍光弹性法。

光弹性法是实验应力分析中经常使用的方法，从 1816 年布儒斯特（Brewster）观察到透明非晶体材料的人工双折射现象算起，该方法出现至今已经有近 200 年的历史。由于 19 世纪工业的发展，光学仪器和透明塑料的产生使这种方法得以应用和发展，从而形成了一门独立的学科。同应变电测等其他实验应力分析技术相比，光弹性方法具有以下特点：

（1）光弹性是一种模型实验。当光弹性模型与实物（或称为原型）满足一定的相似关系时，无论是桥梁、水坝、飞行器、船舶、汽轮机等大型结构，还是金刚砂、微机械零件、微电子器件、动物骨块等微小结构，经过比例缩放，都可以制作成便于进行光弹性实验分析的、大小适当的模型。测取模型应力，然后按照相似关系换算成实物的应力。

（2）全场显示与分析。光弹性实验可以全场照明模型，得到反映全场应力分布的干涉条纹图，利用干涉条纹，能够迅速确定边界应力，并对全场应力进行分析，给出定量计算的结果。利用光弹性法，可以测定形状及受力复杂结构的应力，不仅可以准确地分析平面问题，而且能够有效地解决三维问题。

（3）直观性强。在光弹性实验中，受力结构上应力分布的规律和特点可以通过干涉条纹的分布形象地显示出来。光弹性这种形象直观的特点，对于分析应力集中以及接触应力问题十分有利，不仅可以很容易地找到应力集中的部位，而且可以确定应力集中系数。光弹性实验还可以作为结构设计的辅助手段。例如，为了从强度的观点比较同一构件的不同设计方案，可以分别按每一设计方案制作光弹性模型，通过光弹性实验观察各个模型上的应力分布，从中选出最佳结构，也可以通过修改模型观察模型上应力分布的变化，达到优化设计的目的。

7.1 光 学 基 本 知 识

一、自然光和平面偏振光

太阳光、白炽灯均可认为是自然光。自然光的特点是：①在垂直于光波传播方向的平面内，在任意方向上的振动几率相同，如图 7-1 所示；②由于光波是横波，光矢量的振动方向与光波行进的方向始终正交。平面偏振光是指光矢量的横向振动只在一个平面内的光，在垂直于光传播方向的平面上，可以看到光矢量端点的轨迹为一直线，故又称线偏振光，如图 7-2 所示。获得平面偏振光的元件有尼科尔棱镜（方解石晶体制成）和人造偏振片（二向色性偏振片），偏振片所能通过的振动方向称为偏振片的偏振轴。当光矢量通过两个偏振方向一致的偏振片时，光强最大，称为明场；当光矢量通过两个偏振方向正交的偏振片，光完全被遮挡，称为暗场。明场和暗场是光弹性测试中的基本光场。

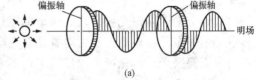

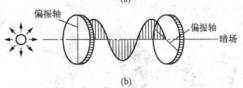

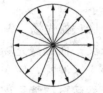

图 7-1　自然光的振动图

图 7-2　平面偏振光的光振动

二、双折射

光在各向同性的晶体与在各向异性的晶体中的传播情况是不相同的。对于各向同性透明介质，如不受力的玻璃，光的折射严格遵循折射定律：折射光在其中的传播速度总是一个常数，不因传播方向改变而改变。所以，当一束光入射一块不受力的玻璃后，出射时仍将是一束光。而对于各向异性晶体，如方解石，情形就要复杂得多，如图 7-3 所示。当一束光入射方解石时，出射的将是两束光，这种现象称为双折射。

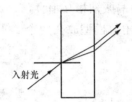

图 7-3　各向异性晶体的双折射

三、光弹性实验原理

将具有双折射性能的透明塑料，制成与零件形状几何相似的模型，使模型受力情况与零件的荷载相似。平面偏振光透过受外力作用的模型时，分解成两束相互垂直的偏振光，分别在两个主平面上振动，且传播速度不等，其结果从模型上每一点透出的振动方向相互垂直的两个光波间产生光程差。如果再使它通过偏振镜，则将产生光的干涉现象，得到等倾线和等差线两种干涉条纹。由等倾线可以求得主应力方向，由等差线可求得主应力差 $\sigma_1 - \sigma_2$，再配合其他方法则可求解出模型上一点的主应力 σ_1 和 σ_2。根据模型相似理论，可以由模型应力换算求得真实零件上的应力。

四、光弹仪与观察光场简介

1. 光弹仪简介

进行光弹性实验的设备称为光弹仪。如图 7-4 所示，光弹仪的主要元件及作用如下：

（1）光源 S：分漫射和平行光两种，为白光光源。

（2）起偏镜 P：将光场变成平面偏振光场。

（3）1/4 波片 Q_P：使得平面偏振光场转换成圆偏振光场。

（4）模型 O：受力后发生暂时双折射，产生光程差。

（5）1/4 波片 Q_A：把圆偏振光场还原成平面偏振

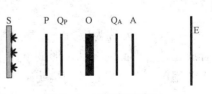

图 7-4　光弹仪示意图

光场。

（6）检偏镜 A：将两个方向的振动合成为同一平面内的振动。

（7）观察屏幕 E：显示干涉条纹。

2．常用光场

（1）正交平面偏振光场。只放两个偏振片（起偏镜 P 和检偏镜 A），采用白光光源，旋转其中一个偏振片，在检偏镜后对着光源观察光场的光强变化，直到光场最暗，此时光场即为正交平面偏振光场，光场中起偏镜 P 与检偏镜 A 的偏振轴相互垂直，模型放在两个偏振片之间，见图 7-5。

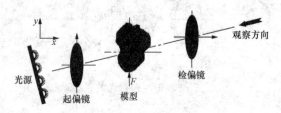

图 7-5　正交平面偏振光场示意图

（2）正交圆偏振光场。先将 1/4 波片 Q_P 放入调好的正交平面偏振光场的两个偏振片之间，旋转该 1/4 波片，使在检偏镜后看到的光场最暗，然后再继续将该 1/4 波片向任意方向旋转 45°角。在此基础上，将 1/4 波片 Q_A 加在 1/4 波片 Q_P 与检偏镜 A 之间，旋转 1/4 波片 Q_A，使光场再次最黑。这样就得到了正交圆偏振光场。此时的光场中起偏镜 P 与检偏镜 A 的偏振轴相互垂直，1/4 波片 Q_P 与 Q_A 的快轴相互垂直，且快轴与起偏镜 P 的偏振轴成 45°夹角。模型放在两个 1/4 波片之间，见图 7-4 或图 7-6。

7.2　应力—光学定律

当把由光弹性材料制成的模型放在偏振光场中时，如模型不受力，光线通过模型后将不发生改变；如模型受力，将产生暂时双折射现象，即入射光线通过模型后将沿两个主应力方向分解为两束相互垂直的偏振光（见图 7-6），这两束光射出模型后将产生一光程差。实验证明，光程差 δ 与主应力差值 $(\sigma_1-\sigma_2)$ 和模型厚度 t 成正比，即

$$\delta = Ct(\sigma_1-\sigma_2) \tag{7-1}$$

式中：C 为模型材料的光学常数，与材料和光波波长有关。

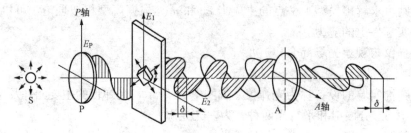

图 7-6　受力模型的双折射现象

式（7-1）称为应力—光学定律，该定律是光弹性实验的基础。两束光通过检偏镜后将合成在一个平面内振动，形成干涉条纹。如果光源用白色光，看到的是彩色干涉条纹；如果光源用单色光，看到的则是明暗相间的干涉条纹。

7.3 等倾线和等差线

从光源发出的单色光经起偏镜 P 后成为平面偏振光，其波动方程为

$$E_P = a\sin\omega t$$

式中：a 为光波的振幅；ω 为光波角速度；t 为时间。

E_P 传播到受力模型上后被分解为沿两个主应力方向振动的两束平面偏振光 E_1 和 E_2，如图 7-6 所示。

设 θ 为主应力 σ_1 与 A 轴的夹角，则这两束平面偏振光的振幅分别为

$$a_1 = a\sin\theta, a_2 = a\cos\theta$$

一般情况下，主应力 $\sigma_1 \neq \sigma_2$，故 E_1 和 E_2 会有一个角程差为

$$\varphi = 2\pi/\lambda$$

若沿 σ_2 的偏振光比沿 σ_1 的慢，则两束偏振光的振动方程分别为

$$E_1 = a\sin\theta\sin\omega t$$

$$E_2 = a\cos\theta\sin(\omega t - \varphi)$$

当上述两束偏振光再经过检偏镜 A 时，都只有平行于 A 轴的分量才可以通过，这两个分量在同一平面内，合成后的振动方程为

$$E = a\sin2\theta\sin\frac{\varphi}{2}\cos\left(\omega t - \frac{\varphi}{2}\right)$$

式中：E 为一个平面偏振光，其振幅 $A_0 = a\sin2\theta\sin\frac{\varphi}{2}$。

根据光学原理，偏振光的强度 I 与振幅 A_0 的平方成正比，即

$$I = Ka^2\sin^2 2\theta\sin^2\frac{\varphi}{2} \tag{7-2}$$

由式（7-2）可以看出，光强 I 与主应力的方向和主应力差有关。为使两束光波发生干涉，相互抵消，必有 $I=0$，所以有：

（1）$a=0$，即没有光源，不符合实际。

（2）$\sin2\theta=0$，则 $\theta=0°$ 或 $90°$，即模型中某一点的主应力 σ_1 的方向与 A 轴平行（或垂直）时，在屏幕上形成暗点。众多这样的点将形成暗条纹，这样的条纹称为等倾线。在保持 P 轴和 A 轴相互垂直的情况下，同步旋转起偏镜 P 与检偏镜 A 任一个角度 α，就可得到 α 角度下的等倾线。

（3）$\sin\frac{\pi Ct(\sigma_1 - \sigma_2)}{\lambda} = 0$，即

$$\sigma_1 - \sigma_2 = \frac{n\lambda}{Ct} = n\frac{f_\sigma}{t} \quad (n=1,2,3,\cdots) \tag{7-3}$$

式中：f_σ 为模型材料的条纹值。

满足式（7-3）的众多点也将形成暗条纹，该条纹上各点的主应力之差相同，故称这样的暗条纹为等差线。随着 n 的取值不同，可以分为 0 级等差线、1 级等差线、2 级等差线等。

综上所述，等倾线能够给出模型上各点主应力的方向，而等差线可以确定模型上各点主应力的差（$\sigma_1 - \sigma_2$）。但对于单色光源而言，等倾线和等差线均为暗条纹，难免相互混淆。

为此，在起偏镜 P 后面和检偏镜前面分别加入 1/4 波片 Q_1 和 Q_2，得到一个圆偏振光场，最后在屏幕上只出现等差线，而无等倾线。

7.4　模型材料条纹值的测定

工程中的平面问题包括平面应力问题（即厚度方向的应力为零）和平面应变问题（即沿厚度方向的应变为常数）。这两类问题都可以用平板的光弹性模型分析，常称为平面光弹性。制作光弹模型的材料，目前常用环氧树脂塑料或聚碳酸酯塑料。模型材料的条纹值 f_σ 一般可利用式（7-4）求得，即

$$f_\sigma = \frac{(\sigma_1 - \sigma_2)t}{n} \tag{7-4}$$

通过实验方法测定，只要能从理论上求出主应力的差值 $(\sigma_1 - \sigma_2)$，就可用式（7-4）测定条纹值。

一、具有中心圆孔的板受轴向拉伸时的条纹值

用平面光弹性确定应力集中系数非常方便，而且形象。图 7-7 所示为具有中心圆孔的板受轴向均布拉伸应力的等差线条纹图，d 为板厚，b 为板宽，D 为圆孔的直径，可以看到孔边条纹密集。测出孔边最大的条纹级数 $n_{\max}$，则孔边最大应力为

$$\sigma_{\max} = \pm \frac{f_\sigma n_{\max}}{d}$$

设 σ_m 为平均应力，则应力集中系数 α_k 为

$$\alpha_k = \frac{\sigma_{\max}}{\sigma_m} = \frac{f_\sigma n_{\max}/d}{\dfrac{F}{(b-D)d}} = \frac{f_\sigma n_{\max}(b-D)}{F}$$

图 7-7　中心圆孔的板受轴向
均布拉伸应力的等差线条纹图

二、对径受压圆盘的条纹值

对于图 7-8 所示的对径受压圆盘，由弹性力学可知，圆心处的主应力为

$$\sigma_1 = \frac{2F}{\pi Dt}, \quad \sigma_2 = \frac{6F}{\pi Dt}$$

代入光弹性基本方程式（7-4）可得

$$f_\sigma = \frac{t(\sigma_1 - \sigma_2)}{n} = \frac{8F}{\pi Dn}$$

对应于一定的外荷载 F，只要测出圆心处的等差线条纹级数 n，即可求出模型材料的条纹值 f_σ。实验时，为了较准确地测出条纹值，可适当调整荷载大小，使圆心处的条纹正好是整数级。

三、纯弯模型的条纹值 f_σ

图 7-9 所示为纯弯曲梁模型及加载装置，图 7-10 所示为纯弯曲梁的等差线。因为中性层内的应力为零，即 $\sigma_1 - \sigma_2 = 0$，故与中性层重合的等差线为零级。由中性层向下（或向上）各条等差线的级数依次为 1、2、3、…设最外层为 n 级，同时，最外层的应力又可算出为

$$\sigma_1 = \frac{6M}{th^2}, \quad \sigma_2 = 0$$

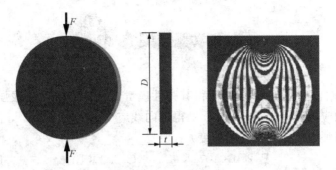

图 7-8 对径受压圆盘等差线图

代入光弹性基本方程式（7-4）可得

$$f_\sigma = \frac{6M}{nh^2}$$

由于 h 是模型横截面的高度，M 可由已知荷载算出，n 可从等差线图上判定，这样，由上式就可求得 f_σ。

若最外层等差线的级数 n 难以判定，可确定对中性层上下对称、级数为 n_i 的两条等差线（如图 7-10 中 $n_i=4$ 的两条等差线），量出两者的距离 h_i，与这一高度对应的应力应是

$$\sigma_i = \frac{6M}{n_i h^2}\frac{h_i}{h} = 0, \quad \sigma_2 = 0$$

于是由方程式（7-4）可以求得

$$f_\sigma = \frac{6M}{n_i h^2}\frac{h_i}{h}$$

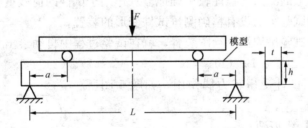

图 7-9 纯弯曲梁模型及加载装置

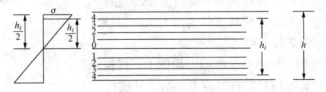

图 7-10 纯弯曲梁等差线示意图

基础实验自测题

一、选择题

1. 对低碳钢试件进行拉伸试验，测得其弹性模量 $E=200\text{GPa}$，屈服强度 $R_{eL}=240\text{MPa}$；当试件横截面上的应力 $R=300\text{MPa}$ 时，测得轴向线应变 $\varepsilon=3.5\times10^{-3}$，随即卸载至 $R=0$，此时，试件的轴向塑性应变（即残余应变）$\varepsilon_p=$_____。

   A. 1.5×10^{-3}　　　　B. 2.0×10^{-3}　　　　C. 2.3×10^{-3}　　　　D. 3.5×10^{-3}

2. 设拉伸试件工作段的初始长度为 L_0，初始横截面面积为 S_0，在加载过程中，拉伸荷载的瞬时值为 P。工作段的瞬时长度为 L，瞬时横截面面积为 S，则对于应力—应变曲线（即 R-ε 曲线）的纵坐标和横坐标，下列结论中_____是正确的。

   A. 纵坐标 $R=\dfrac{P}{S_0}$，横坐标 $\varepsilon=\dfrac{L-L_0}{L_0}$　　　　B. 纵坐标 $R=\dfrac{P}{S}$，横坐标 $\varepsilon=\dfrac{L-L_0}{L}$

   C. 纵坐标 $R=\dfrac{P}{S_0}$，横坐标 $\varepsilon=\dfrac{L-L_0}{L}$　　　　D. 纵坐标 $R=\dfrac{P}{S}$，横坐标 $\varepsilon=\dfrac{L-L_0}{L_0}$

3. 以下结论中哪些是正确的？_____。

（1）低碳钢拉伸试件与铸铁拉伸试件的形状尺寸可以相同，也可以不同。

（2）低碳钢压缩试件与铸铁压缩试件的形状尺寸可以相同，也可以不同。

（3）拉伸试件与压缩试件的形状尺寸可以相同，也可以不同。

   A. （1）、（2）　　　　B. （1）、（3）　　　　C. （2）、（3）　　　　D. 全对

4. 对于用万能试验机进行拉伸或压缩试验，下列结论中哪些是正确的？_____。

（1）万能试验机上的测力度盘能较精确地显示作用于试件的荷载量。

（2）一般的万能试验机上没有精确测量试件变形的装置。

（3）一般的万能试验机均没有绘图装置，就在试验过程中自动绘出 R-ε 曲线。

   A. （1）　　　　B. （1）、（2）　　　　C. （1）、（3）　　　　D. 全对

5. 低碳钢圆截面试件受扭转力偶作用，如题 5 图所示。破坏时试件_____。

   A. 沿横截面Ⅰ-Ⅰ剪断

   B. 沿横截面Ⅰ-Ⅰ拉断

   C. 沿螺旋面Ⅱ（与试件横截面的夹角为 45°）拉断

   D. 沿螺旋面Ⅲ（与试件横截面的夹角为 45°）拉断

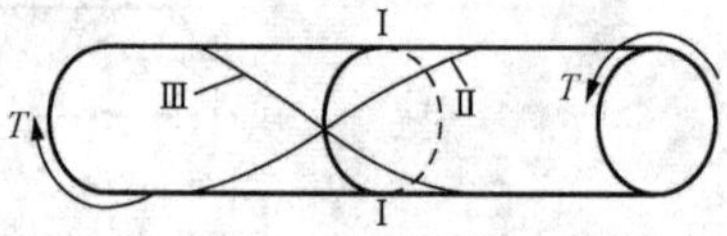

题 5 图

6. 扭转试件破坏的断口表明_____。

   A. 塑性材料和脆性材料的抗剪能力均低于其抗拉能力

   B. 塑性材料和脆性材料的抗剪能力均高于其抗拉能力

   C. 塑性材料的抗剪能力低于其抗拉能力，而脆性材料的抗剪能力高于其抗拉能力

   D. 塑性材料的抗剪能力高于其抗拉能力，而脆性材料的抗剪能力低于其抗拉能力

7. 对于低碳钢圆截面扭转试件的破坏形式和破坏原因，下列结论中_____是正确的。

   A. 断裂面垂直于试件轴线，断裂是由于断裂面上拉应力过大引起的

   B. 断裂面垂直于试件轴线，断裂是由于断裂面上的切应力过大引起的

C. 断裂面与试件轴线成 45°倾角，断裂是由于断裂面上拉应力过大引起的

D. 断裂面与试件轴线成 45°倾角，断裂是由于断裂面上切应力过大引起的

8. 对于铸铁圆截面扭转试件的破坏形式及破坏原因，下列结论中_____是正确的。

A. 断裂面垂直于试件轴线，断裂是由于断裂面上拉应力过大引起的

B. 断裂面垂直于试件轴线，断裂是由于断裂面上切应力过大引起的

C. 断裂面与试件轴线成 45°倾角，断裂是由于断裂面上拉应力过大引起的

D. 断裂面与试件轴线成 45°倾角，断裂是由于断裂面上切应力过大引起的

9. 以下结论中哪些是正确的? _____。

(1) 为测得材料的 τ-γ 曲线，可采用薄壁圆管试件做扭转试验。

(2) 薄壁圆管受自由扭转时，管内各点处的应力状态基本相同。

(3) 薄壁圆管受自由扭转时，管内各点均处于纯剪切状态。

(4) 实心圆截面试件受扭破坏时，不会出现颈缩现象。

　　　A. (1)、(2)、(3)　　　　　　　　　　B. (1)、(2)、(4)

　　　C. (1)(3)、(4)　　　　　　　　　　D. 全对

10. 以下结论中哪些是正确的? _____。

(1) 脆性材料不宜用于受拉杆件。

(2) 塑性材料不宜用于受冲击荷载作用的杆件。

(3) 对于塑性材料，通常以屈服强度 R_{eL} 作为极限应力 R（即达到危险状态时应力的极限值）；对于脆性材料，则以抗拉强度 R_m 作为极限应力。

　　　A. (1)、(2)　　　　B. (1)、(3)　　　　C. (2)、(3)　　　　D. 全对

11. 对于脆性材料，下列结论中哪些是正确的? _____。

(1) 试件受拉过程中不出现屈服和颈缩现象。

(2) 抗压强度比抗拉强度高出许多。

(3) 抗冲击的性能好。

(4) 若构件中存在小孔（出现应力集中现象），对构件的强度无明显影响。

　　　A. (1)、(2)　　　　　　　　　　B. (1)、(2)、(3)

　　　C. (1)、(2)、(4)　　　　　　　　D. 全对

12. 以下结论中哪些是正确的? _____。

(1) 对于没有明显屈服阶段的塑性材料，通常用名义屈服强度 $R_{0.2}$ 作为材料的屈服强度。

(2) 对于没有屈服阶段的脆性材料，通常用名义屈服强度 $R_{0.2}$ 作为材料的屈服强度。

(3) $R_{0.2}$ 是当试件的应变为 0.2% 时的应力值。

(4) $R_{0.2}$ 是当试件在加载过程中塑性应变为 0.2% 时的应力值。

　　　A. (1)、(3)　　　　B. (2)、(4)　　　　C. (1)、(4)　　　　D. (2)、(3)

13. 以下结论中哪些是正确的? _____。

(1) 拉伸试件可以是圆截面，也可以是矩形截面。

(2) 金属材料的压缩试件通常做成短圆柱形，水泥压缩试件通常做成正立方体。

(3) 材料的扭转试验都采用圆截面试件。

　　　A. (1)、(2)　　　　B. (2)、(3)　　　　C. (1)、(3)　　　　D. 全对

14. 对低碳钢试件进行拉伸试验，测得其弹性模量 $E=200\text{GPa}$，屈服强度 $R_{eL}=240\text{MPa}$；当试件横截面上的应力达到 320MPa 时便开始卸载，直到横截面上的应力 $R=0$。这时，测得试件的轴向塑性应变（即残余应变）$\varepsilon_p=2.0\times10^{-3}$，试问在开始卸载时，试件的轴向线应变为多少？_____。

  A. 2.0×10^{-3} B. 3.0×10^{-3} C. 3.2×10^{-3} D. 3.6×10^{-3}

15. 对于用圆截面试件测定材料剪切弹性模量 G 的试验，下列步骤中哪些是正确的？_____。

  （1）将直径为 d 的圆截面试件装在扭转试验机上。

  （2）将标距为 L 的扭角仪装在试件的中段。

  （3）设扭转试验机每次加载量为 ΔT，由扭角仪测得对应的扭角增加量的平均值为 Δ_φ，则 $G=\dfrac{32L\Delta T}{\pi d^4\Delta_\varphi}$。

  A.（1）   B.（1）、（2）   C.（3）   D. 全对

16. 下列结论中哪些是正确的？_____。

  （1）钢材经过冷作硬化后，其比例极限可得到提高。

  （2）钢材经过冷作硬化后，其断后伸长率可得到提高。

  （3）钢材经过冷作硬化后，材料的强度可得到提高。

  （4）钢材经过冷作硬化后，其抗冲击性能得到提高。

  A.（1）、（3）   B.（2）、（4）

  C.（1）、（2）、（3）   D.（2）、（3）、（4）

17. 塑性材料经过冷作硬化处理后，它的_____得到提高。

  A. 抗拉强度   B. 比例极限   C. 断后伸长率   D. 截面收缩率

18. 低碳钢材料冷作硬化后，其力学性能发生下列变化_____。

  A. 屈服强度提高，弹性模量下降   B. 屈服强度提高，韧性降低

  C. 屈服强度不变，弹性模量不变   D. 屈服强度不变，韧性不变

19. 材料冷作硬化的后果是_____。

  A. 比例极限提高，抗拉强度降低   B. 比例极限提高，塑性也提高

  C. 比例极限提高，塑性降低   D. 比例极限提高，抗拉强度也提高

20. 对于没有明显屈服强度的塑性材料，题 20 图_____中的 $R_{0.2}$ 表示材料的名义屈服强度。

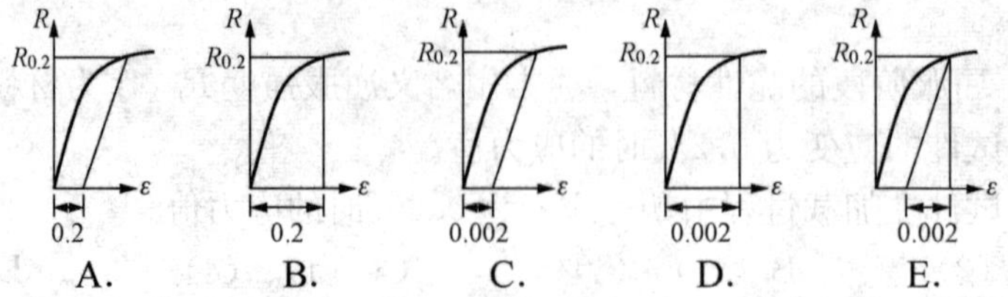

题 20 图

21. 某种金属材料拉伸试验的破坏断面为大致与试样轴线成 $45°$ 角的平面，由此可以判断，这种材料的_____。

  A. 抗拉强度大于抗剪强度

B. 抗拉强度小于抗剪强度

C. 扭转试验破坏断面为与试样轴线成 $45°$ 角的螺旋面

D. 扭转试验破坏断面为与试样轴线垂直的平面

22. 矩形截面的硬铝拉伸试件，加载前工作段的长度（即标距）$L_0=100$mm，横截面宽度 $b=20$mm，厚度 $t=4$mm；加载过程中，荷载每增加 3.5kN，工作段的伸长量 $\Delta L=6.25\times10^{-2}$mm，横截面宽度缩短 $\Delta b=4\times10^{-3}$mm。由此可以确定弹性模量 E 和泊松比的值 μ。下列结论中_____哪些是正确的。

A. $E=80$GPa，$\mu=0.30$ B. $E=75$GPa，$\mu=0.30$

C. $E=75$GPa，$\mu=0.32$ D. $E=70$GPa，$\mu=0.32$

23. ε 和 ε' 分别表示受力杆件的轴向线应变和横向线应变，μ 为杆件材料的泊松比，则下列结论中哪些是正确的？_____。

（1）μ 为一无量纲量。

（2）μ 可以为正值、负值或零。

（3）当杆内应力不超过材料的比例极限时，μ 的值与应力的大小无关，即 $\mu=$ 常量。

（4）弹性模量 E 和泊松比 μ 均为反映材料弹性性质的常数。

A.（1）、（2）、（3）   B.（2）、（3）、（4）

C.（1）、（2）、（4）   D.（1）、（3）、（4）

24. ε 和 ε' 分别表示受力杆件的轴向线应变和横向线应变，μ 为杆件材料的泊松比，则下列结论中哪些是正确的？_____。

（1）$\mu=\dfrac{\varepsilon'}{\varepsilon}$ （2）$\mu=-\dfrac{\varepsilon'}{\varepsilon}$

（3）$\mu=\left|\dfrac{\varepsilon'}{\varepsilon}\right|$ （4）$\mu=-\left|\dfrac{\varepsilon'}{\varepsilon}\right|$

A.（1）、（3）   B.（2）、（4）   C.（2）、（3）   D.（1）、（4）

25. 下列结论中哪些是正确的？_____。

（1）低碳钢拉伸试件中应力达到屈服强度 σ_s 时，试件表面会出现滑移线。

（2）滑移线与试件轴线大致成 $45°$ 倾角。

（3）滑移线的出现与试件中的最大切应力有关。

A.（1）   B.（1）、（2）   C. 全对   D. 全错

26. R_p、R_e、R_{eL}、R_m 分别表示拉伸试件的比例极限、弹性极限、屈服强度和抗拉强度，则下列结论中哪些是正确的？_____。

（1）$R_p<R_e<R_{eL}<R_m$。

（2）试件中的真实应力不可能大于 R_m。

（3）对于各种不同材料，许用应力均由抗拉强度 R_m 和对应的安全系数 n_b 来确定，即 $[R]=\dfrac{R_m}{n_b}$。

A.（1）   B.（1）、（2）   C. 全对   D. 全错

27. 下列结论中哪些是正确的？_____。

（1）若将所加的荷载去掉，试件的变形不能完全消失，则残留的变形称为残余变形，或永久变形，或塑性变形。

（2）受力的试件若处于弹性阶段，则试件只出现弹性变形而无塑性变形。

（3）受力的试件若已超出弹性阶段而进入塑性阶段，则试件只出现塑性变形而无弹性变形。

（4）当试件被拉断后，量得试件工作段的伸长 ΔL 是塑性变形，不存在弹性变形。

    A.（1）、（2）   B.（1）、（2）、（3）

    C.（1）、（2）、（4）   D. 全对

28. 低碳钢拉伸试件工作段的初始横截面面积为 S_0，试件被拉断后，断口的横截面面积为 A，试件断裂前所能承受的最大荷载为 F_m，则下列结论中_____是正确的。

    A. 材料的抗拉强度 $R_m=\dfrac{F_m}{S_0}$

    B. 材料的抗拉强度 $R_m=\dfrac{F_m}{S}$

    C. 当试件工作段中的应力达到抗拉强度 R_m 的瞬时，试件的横截面面积为 S

    D. 当试件开始断裂的瞬时，作用于试件的荷载为 F_m

29. 下列结论中哪些是正确的？_____。

（1）若将所加的荷载去掉，试件的变形可全部消失，试件恢复到原有形状和大小，这种变形称为弹性变形。

（2）若拉伸试件处于弹性变形阶段，则试件工作段的应力 R 与 ε 呈正比关系，即 $R=E\varepsilon$。

（3）若拉伸试件工作段的应力 R 与应变 ε 呈正比关系，即 $R=E\varepsilon$，则该试件必须处于弹性变形阶段。

（4）在拉伸应力—应变曲线中，弹性阶段的最高应力为比例极限。

    A.（1）、（3）   B.（2）、（4）

    C.（1）、（2）、（3）   D. 全对

30. 对铸铁圆柱形试件进行压缩试验。下列结论中哪些是正确的？_____。

（1）最大切应力的作用面与试件的横截面成 45°角。

（2）试件破坏时，断裂面与试件的横截面成 45°～55°夹角。

（3）试件的破坏形式表明铸铁的抗剪能力比抗压能力差。

    A.（1）、（2）   B.（2）、（3）   C.（1）、（3）   D. 全对

31. 下列结论中哪些是正确的？_____。

（1）对低碳钢进行压缩试验，能测出屈服强度，但测不出抗压强度。

（2）对铸铁进行压缩试验，能测出抗压强度，但测不出屈服强度。

（3）对低碳钢进行压缩试验，试件不会断裂。

    A.（1）、（2）   B.（2）、（3）   C.（1）、（3）   D. 全对。

32. 关于试件拉伸图的纵坐标和横坐标，下列结论中_____是正确的。

    A. 纵坐标为拉伸荷载 F，横坐标为整个试件的伸长 ΔL

    B. 纵坐标为拉伸荷载 F，横坐标为试件工作段的伸长 ΔL

    C. 纵坐标为试件横截面上的正应力 R，横坐标为试件轴向线应变 ε

    D. 纵坐标和横坐标分别为试件工作段中的轴向正应力 R 和轴向线应变 ε

33. 低碳钢拉伸试件的应力—应变曲线大致可分为四个阶段，这四个阶段是_____。

A. 弹性变形阶段、塑性变形阶段、屈服阶段、断裂阶段

B. 弹性变形阶段、塑性变形阶段、强化阶段、颈缩阶段

C. 弹性变形阶段、屈服阶段、强化阶段、断裂阶段

D. 弹性变形阶段、屈服阶段、强化阶段、颈缩阶段

34. 直径为 d 的圆截面拉伸试件，其标距是_____。

A. 试件两端面之间的距离

B. 试件中段等截面部分的长度

C. 在试件中段的等截面部分中选取的"工作段"的长度，其值为 $5d$ 或 $10d$

D. 在试件中段的等截面部分中选取的"工作段"的长度，其值应大于 $10d$

35. 三根圆棒试样，其面积和长度均相同，进行拉伸试验得到的 R-ε 曲线如题 35 图所示，其中强度最高、刚度最大、塑性最好的试样分别是_____。

A. a、b、c 　　　　　B. b、c、a

C. c、b、a 　　　　　D. c、a、b

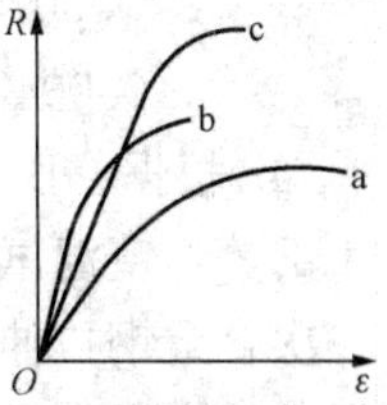

题 35 图

36. 用标距为 50mm 和 100mm 的两种拉伸试样，测得低碳钢的屈服强度分别为 R_{eL1}、R_{eL2}，断后伸长率分别为 A_5 和 A_{10}。比较两试样的结果，有以下结论，其中正确的是_____。

A. $R_{eL1} < R_{eL2}$，$A_5 > A_{10}$ 　　　　B. $R_{eL1} < R_{eL2}$，$A_5 = A_{10}$

C. $R_{eL1} = R_{eL2}$，$A_5 > A_{10}$ 　　　　D. $R_{eL1} = R_{eL2}$，$A_5 = A_{10}$

37. 材料受扭转作用破坏时，低碳钢是由于_____而破坏，铸铁是由于_____而破坏。

A. 切应力 　　　B. 压应力 　　　C. 拉应力 　　　D. 弯曲应力

38. 低碳钢试件拉伸屈服时，试件表面出现的滑移线_____。

A. 沿轴向，与正应力相关

B. 沿轴向，与切应力相关

C. 沿与轴线成 45°方向，与正应力相关

D. 沿与轴线成 45°方向，与切应力相关

39. 拉伸试件断口不在标距长度 $\frac{1}{3}$ 的中间区段内时，如果不采用断口移位法，测得的断后伸长率较实际值_____。

A. 偏大 　　　B. 偏小 　　　C. 不变 　　　D. 不能判断

40. _____通常可以忽略孔口局部应力集中的影响。

A. 塑性材料静应力强度试验

B. 脆性材料静应力强度试验

C. 塑性材料疲劳强度试验

D. 脆性材料疲劳强度试验

41. 根据 GB/T 228.1—2010《金属材料拉伸试验　第 1 部分：室温试验方法》的规定，在测量标记试样原始标距时，应精确到标称标距的_____。

A. ±0.1% 　　　B. ±0.2% 　　　C. ±0.5% 　　　D. ±1%

42. 根据国家标准规定，测定金属常温力学性能的试验应在室温下进行，所谓室温是指_____。

    A. 0～30℃   B. 5～35℃   C. 10～35℃   D. 0～40℃

43. 某材料的应力—应变曲线如题 43 图所示，根据该曲线，材料的名义屈服强度 $R_{0.2}$ 约为_____。

    A. 135MPa   B. 235MPa

    C. 325MPa   D. 380MPa

当应力 $R=350$MPa 时，材料相应的塑性应变 ε_p 约为_____。

    A. 0.0020   B. 0.0030

    C. 0.0047   D. 0.0077

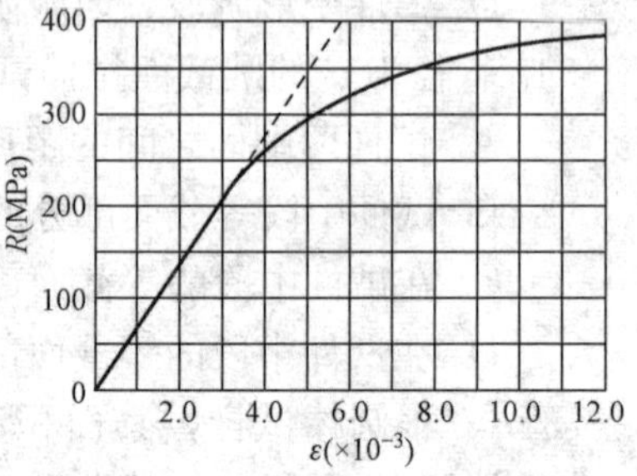

题 43 图

44. 根据 GB/T 228.1—2010《金属材料拉伸试验第 1 部分：室温试验方法》和 GB/T 22315—2008《金属材料弹性模量和泊松比试验方法》，在一次合金钢拉伸力学性能试验中，加载前于试样标距的两端及中间两个相互垂直的方向上测得一组直径数据：（9.96，9.98）、（10.04，9.98）、（10.00，10.02），则_____。

    A. 确定弹性模量时，应取（9.96，9.98）、（10.04，9.98）、（10.00，10.02）计算横截面面积

    B. 确定屈服强度时，应取（9.96，9.98）计算横截面面积

    C. 确定抗拉强度时，应取（10.04，9.98）计算横截面面积

    D. 确定断面收缩率时，应取（10.00，10.02）计算横截面面积

45. 为了验证弯曲正应力公式 $\dfrac{My}{I}$，用四点弯的梁做纯弯曲应变电测实验。实验采用等增量逐级加载法，下列选项中不正确的是_____。

    A. 消除测试系统的偶然误差

    B. 消除测试系统的系统误差

    C. 消除梁的自重的影响

    D. 便于观察各测点应力与应变之间的关系

46. 铸铁试件扭转破坏是_____。

    A. 沿横截面拉断   B. 沿横截面剪断

    C. 沿 45°螺旋面拉断   D. 沿 45°螺旋面剪断

47. 低碳钢的两种破坏方式如题 47 图（a）、（b）所示，其中_____。

    A.（a）为拉伸破坏，（b）为扭转破坏   B.（a）、（b）均为拉伸破坏

    C.（a）为扭转破坏，（b）为拉伸破坏   D.（a）、（b）均为扭转破坏

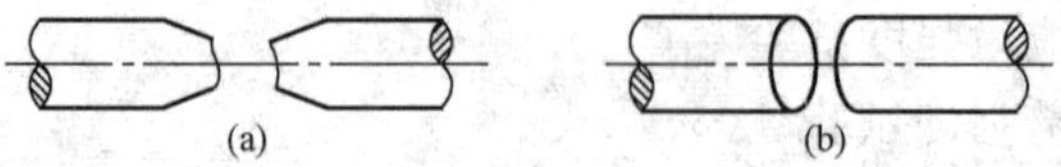

题 47 图

48. 铸铁圆棒在外力作用下发生图示的破坏形式，其破坏前的受力状态如题 48 图_____所示。

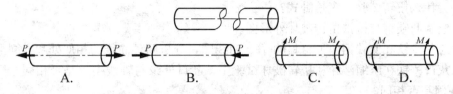

题 48 图

二、简答题

49. 材料力学实验内容应包括哪几个方面?

50. 影响试验结果准确性的因素是什么?

51. 试样横截面面积值为何在拉伸破坏试验时取其三处中最小者,而在测弹性模量时取三处平均值?

52. 画出低碳钢、铸铁的压缩曲线图。

53. 在低碳钢拉伸实验中,材料屈服后,试样的表面会产生与轴线成 45°角的滑移线,为什么?

54. 低碳钢拉伸实验中,试件为什么不是在 R-ε 曲线图的最高点处被拉断?

55. 铸铁的压缩破坏形式说明什么?

56. 试件尺寸和形式对测量有无影响?

57. 实验时如何观察低碳钢的屈服现象? 测定屈服强度时为何要限制加载速率?

58. 应如何在工程中应用卸载定律和冷作硬化现象?

59. 低碳钢试样拉断后,其断口形状大致为杯口状,试说明其断裂过程和形成杯状断口的原因。

60. 为什么不能求得塑性材料压缩时的抗压强度?

61. 压缩试样的纵向、横向尺寸范围为什么有规定?

62. 拉伸试验中试样的断后伸长率 $A=\dfrac{L_u-L_0}{L_0}\times100\%=\dfrac{\Delta L}{L_0}\times100\%$,而拉伸应变 $\varepsilon=\dfrac{\Delta L}{L_0}$,两者表达式相同,是否有 $A=\varepsilon$? 为什么?

63. 为什么将低碳钢的极限应力 R_u 定为 R_{eL},而将灰口铸铁的定为 R_m?

64. 为何在单轴拉伸试验中必须采用标准试样或比例试样?

65. 题 65 图中所示 4 种材料的 R-ε 曲线,哪种材料的弹性模量最大? 哪种材料的比例极限最高? 哪种材料的塑性最大? 哪种材料的强度最高?

66. 为什么万能材料试验机都是立式设计的?

67. 试样的截面形状和尺寸对测定弹性模量有无影响?

68. 为消除加载偏心的影响,应采取什么措施?

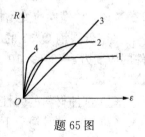

题 65 图

69. 由于材质的原因或由于加工制造的原因或荷载位置(试样放置)的原因等,试样所受压力偏心时对压缩试验结果有何影响?

70. 试验中是怎样验证胡克定律的? 怎样测定和计算 E 和 μ?

71. 材料的弹性模量 E、泊松比 μ 的意义是什么?

72. 为什么扭转试验机多是卧式？

73. 绘制低碳钢与铸铁扭转破坏外形图。

74. 绘制铸铁和低碳钢两种材料的 T-φ 曲线图，分析两种曲线的相似处和异同点？

75. 灰口铸铁在压缩破坏和扭转破坏试验中，断口外缘与轴线夹角是否相同？受力方面的破坏原因是否相同？

76. 理论上计算低碳钢的屈服点和抗扭强度时，为什么公式中有 3/4 的系数？

77. 如用木材或竹材制成纤维平行于轴线的圆截面试样，受扭时它们将按怎样的方式破坏？

78. 据实验结果解释梁弯曲时横截面上正应力分布规律。

79. 尺寸完全相同的两种材料制成的梁，如果距中性层等远处纤维的伸长量对应相等，则两梁相应截面的应力是否相同？所加荷载是否相同？

80. 纯弯曲梁正应力分布实验中未考虑梁的自重，为什么？

三、计算题

81. 某合金钢的 R-ε 曲线如题 81 图所示，弹性模量为 E，条件屈服强度为 $R_{0.2}$，试在该图上绘出另一种合金钢的 R-ε 曲线。已知该合金钢的弹性模量 $E_1 < E$，条件屈服强度 $R_{0.2}^1 > R_{0.2}$，并在图上标出 $R_{0.2}^1$ 的位置。

82. 低碳钢 Q235 的弹性模量 $E = 200\text{GPa}$，屈服强度 $R_{eL} = 235\text{MPa}$，当实验的工作应力 $R_A = 300\text{MPa}$ 时，测得轴向应变 $\varepsilon = 4.0 \times 10^{-3}$（如题 82 图所示），试求卸载至 $R_{A1} = 100\text{MPa}$ 和 $R_{O1} = 0$ 时的应变。

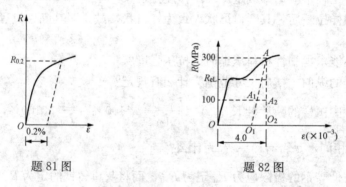

题 81 图　　　　　　　　　题 82 图

83. 用一板状试件做拉伸试验，纵向应力每增加 $R = 25\text{MPa}$，测得纵向应变增加 $\varepsilon = 120 \times 10^{-6}$，横向应变增加 $\varepsilon' = -38 \times 10^{-6}$，试求材料的弹性模量 E 和泊松比 μ。

84. 低碳钢 Q235 的屈服强度 $R_{eL} = 235\text{MPa}$。当拉伸应力达到 $R = 320\text{MPa}$ 时，测得试件的应变为 $\varepsilon = 3.6 \times 10^{-3}$，然后卸载至应力 $R = 260\text{MPa}$，此时测得试件的应变 $\varepsilon = 3.3 \times 10^{-3}$。试求：

（1）试件材料的弹性模量 E；

（2）以上两种情形下试件的弹性应变 ε_e 和塑性应变 ε_p。

85. 如题 85 图（a）所示，直径为 50mm、长度为 2.5m 的钢制圆轴，试验测得其切应力—切应变关系如题 85 图（b）所示。

（1）若在自由端施加一外力偶矩 m，测得自由端的相对扭转角 $\varphi = 17.19°$，试求外力偶矩 m。

（2）若卸去外力偶矩 m，求该圆轴的残余切应力，并画出残余切应力的分布图。

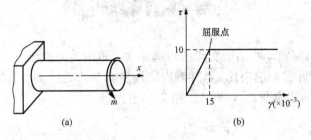

题 85 图

86. 在受扭圆轴表面上一点 K 处的线应变值为：$\varepsilon_u = 375 \times 10^{-6}$，$\varepsilon_v = 500 \times 10^{-6}$。若已知 $E = 200\text{GPa}$，$\mu = 0.25$，直径 $D = 100\text{mm}$，试求作用于轴上的外力偶矩 M_e 的值。

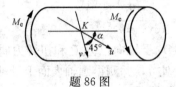

题 86 图

87. 有一受扭空心钢轴如题 87 图所示，在其表面一点与母线成 $45°$ 的方向上贴一枚应变片，用电阻应变仪测得其正应变 $\varepsilon_{45°} = 300 \times 10^{-6}$。已知该轴外径 $D = 100\text{mm}$，内径 $d = 60\text{mm}$，材料 $E = 210\text{GPa}$，$\mu = 0.28$，试画出 A 点的应力状态，并求此时轴端外力偶矩 m 的大小。

题 87 图

选 择 题 参 考 答 案

1.B	2.A	3.A	4.B	5.A	6.C	7.B	8.C	9.D	10.B
11.A	12.C	13.D	14.D	15.D	16.A	17.B	18.B	19.C	20.C
21.AD	22.D	23.D	24.C	25.C	26.A	27.C	28.A	29.A	30.D
31.D	32.B	33.D	34.C	35.C	36.C	37.AC	38.D	39.B	40.A
41.C	42.C	43.CB	44.AB	45.A	46.C	47.A	48.D		

电测实验自测题

一、选择题

1. 如题 1 图所示圆轴，两端均受弯曲力偶矩 M_0 和扭转力偶矩 T 作用。已知圆轴的直径 d、材料的弹性模量 E 和泊松比 μ，并测得圆轴表面点 A 处沿轴线方向的线应变 $\varepsilon_{0°}$ 和点 B 处与轴线成 $45°$ 方向的线应变 $\varepsilon_{45°}$，则 M_0 和 T 的值为_____。

A. $M_0 = \dfrac{\pi E d^3}{32}\varepsilon_{0°}$, $T = \dfrac{\pi E d^3}{16}\varepsilon_{45°}$

B. $M_0 = \dfrac{\pi E d^3}{32}\varepsilon_{0°}$, $T = \dfrac{\pi E d^3}{16(1+\mu)}\varepsilon_{45°}$

C. $M_0 = \dfrac{\pi E d^3}{32}\varepsilon_{0°}$, $T = \dfrac{\pi E d^3}{16(1-\mu)}\varepsilon_{45°}$

D. $M_0 = \dfrac{\pi E d^3}{32(1-\mu)}\varepsilon_{0°}$, $T = \dfrac{\pi E d^3}{16(1+\mu)}\varepsilon_{45°}$

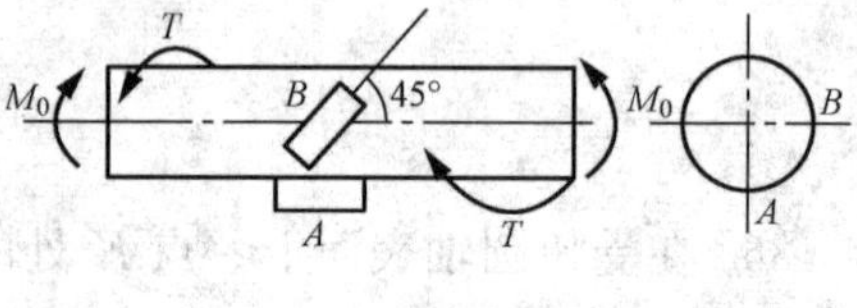

题 1 图

2. 如题 2 图所示圆轴，两端均受轴向拉力 P 和扭转力偶矩 T 共同作用。已知圆轴的直径 d、材料的弹性模量 E 和泊松比 μ，并测得圆轴表面上沿轴线方向的线应变 $\varepsilon_{0°}$ 和与轴线成 $45°$ 方向的线应变 $\varepsilon_{45°}$，则扭转力偶矩 $T =$ _____。

A. $\dfrac{\pi E d^3}{32(1-\mu)}\varepsilon_{45°}$ B. $\dfrac{\pi E d^3}{32(1+\mu)}\varepsilon_{45°}$

C. $\dfrac{\pi E d^3}{32(1+\mu)} - \left[\varepsilon_{0°}(1-\mu) - 2\varepsilon_{45°}\right]$ D. $\dfrac{\pi E d^3}{32(1-\mu)} - \left[\varepsilon_{0°}(1-\mu) - 2\varepsilon_{45°}\right]$

3. 如题 3 图所示矩形截面的简支梁受集中力 P 作用。已知梁截面的高度 h、宽度 b、跨度 L、材料的弹性模量 E 及泊松比 μ，若测得梁 AC 段的中性层上 K 点处与轴线成 $45°$ 方向的线应变为 ε，则梁上的荷载 $P =$ _____。

A. $-\dfrac{Ebh}{1+\mu}\varepsilon$ B. $\dfrac{Ebh}{1+\mu}\varepsilon$ C. $-Ebh\varepsilon$ D. $-2Ebh\varepsilon$

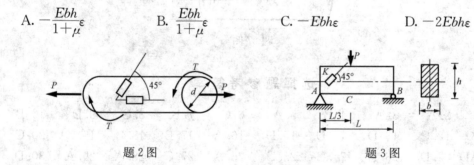

题 2 图   题 3 图

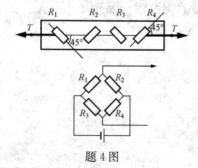

题 4 图

4. 直径为 d 的圆截面试件，两端受力偶矩 T 作用，电阻片 R_1 和 R_2 分别平行于 R_3 和 R_4，如题 4 图所示。设试件在荷载作用下，应变仪读数为 $\varepsilon_仪$，则此时荷载 $T =$ _____（E、μ 分别为材料的弹性模量和泊松比）。

A. $\dfrac{\pi d^3 E}{32(1+\mu)}\varepsilon_仪$ B. $\dfrac{\pi d^3 E}{32(1-\mu)}\varepsilon_仪$

C. $\dfrac{\pi d^3 E}{64(1+\mu)}\varepsilon_仪$ D. $\dfrac{\pi d^3 E}{64(1-\mu)}\varepsilon_仪$

5. 圆截面扭转试件两端受力偶矩 T 作用，电阻片 R_1 和 R_2 分别平行于 R_3 和 R_4，如题 4 图所示。设试件在荷载作用下，应变仪读数为 $\varepsilon_{仪}$，则试件横截面上最大切应力 $\tau_{\max}=$ _____（E、μ 分别为材料的弹性模量和泊松比）。

A. $\dfrac{E}{4(1-\mu)}\varepsilon_{仪}$ 　　　　　　B. $\dfrac{E}{4(1+\mu)}\varepsilon_{仪}$

C. $\dfrac{E}{2(1-\mu)}\varepsilon_{仪}$ 　　　　　　D. $\dfrac{E}{2(1+\mu)}\varepsilon_{仪}$

6. 圆截面扭转试件两端受力偶矩 T 作用，电阻片 R_1 和 R_2 分别平行于 R_3 和 R_4，如题 4 图所示。设试件在荷载作用下，R_1 的应变值为 ε_1，则此时应变仪读数 $\varepsilon_{仪}=$ _____。

A. ε_1 　　　　B. $2\varepsilon_1$ 　　　　C. $3\varepsilon_1$ 　　　　D. $4\varepsilon_1$

7. 圆截面扭转试件两端受力偶矩 T 作用，电阻片 R_1 和 R_2 互相垂直，如题 7 图所示。其中片 R_1 为工作片，R_2 为温度补偿片。设试件在荷载作用下，应变仪读数为 $\varepsilon_{仪}$，则试件横截面上的最大剪力 $\tau_{\max}=$ _____（E、μ 分别为材料的弹性模量和泊松比）。

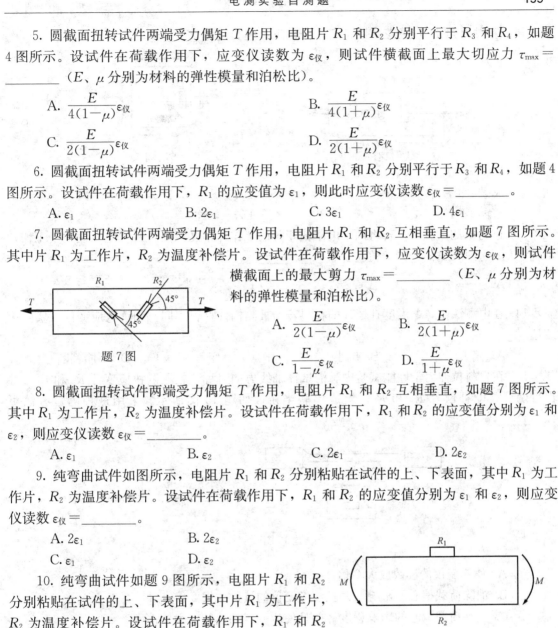

题 7 图

A. $\dfrac{E}{2(1-\mu)}\varepsilon_{仪}$ 　　B. $\dfrac{E}{2(1+\mu)}\varepsilon_{仪}$

C. $\dfrac{E}{1-\mu}\varepsilon_{仪}$ 　　D. $\dfrac{E}{1+\mu}\varepsilon_{仪}$

8. 圆截面扭转试件两端受力偶矩 T 作用，电阻片 R_1 和 R_2 互相垂直，如题 7 图所示。其中 R_1 为工作片，R_2 为温度补偿片。设试件在荷载作用下，R_1 和 R_2 的应变值分别为 ε_1 和 ε_2，则应变仪读数 $\varepsilon_{仪}=$ _____。

A. ε_1 　　　　B. ε_2 　　　　C. $2\varepsilon_1$ 　　　　D. $2\varepsilon_2$

9. 纯弯曲试件如图所示，电阻片 R_1 和 R_2 分别粘贴在试件的上、下表面，其中 R_1 为工作片，R_2 为温度补偿片。设试件在荷载作用下，R_1 和 R_2 的应变值分别为 ε_1 和 ε_2，则应变仪读数 $\varepsilon_{仪}=$ _____。

A. $2\varepsilon_1$ 　　　　B. $2\varepsilon_2$

C. ε_1 　　　　D. ε_2

10. 纯弯曲试件如题 9 图所示，电阻片 R_1 和 R_2 分别粘贴在试件的上、下表面，其中片 R_1 为工作片，R_2 为温度补偿片。设试件在荷载作用下，R_1 和 R_2 的应变值分别为 ε_1 和 ε_2，应变仪读数为 $\varepsilon_{仪}$，材料的弹性模量为 E，则试件的最大弯曲应力 $\sigma_{\max}=$ _____。

题 9 图

A. $4E\varepsilon_{仪}$ 　　　　B. $2E\varepsilon_{仪}$ 　　　　C. $E\varepsilon_{仪}$ 　　　　D. $\dfrac{1}{2}E\varepsilon_{仪}$

11. 如题 11 图所示，拉伸试件上电阻应变片 R_1 和 R_2 互相垂直，R_1 为工作片，R_2 为温度补偿片，设试件受荷载作用时，应变仪读数为 $\varepsilon_{仪}$，E 和 μ 分别为材料的弹性模量和泊松比，则试件横截面上的正应力 = _____。

A. $E(1+\mu)\varepsilon_{仪}$ 　　B. $E(1-\mu)\varepsilon_{仪}$ 　　C. $\dfrac{E}{1-\mu}\varepsilon_{仪}$ 　　D. $\dfrac{E}{1-\mu}\varepsilon_{仪}$

12. 钢制构件某点的应力状态如题 12 图所示，已知 $\sigma_x>0$，$\sigma_y=0$，$\tau_{xy}<0$，$\mu=1/3$，

若在该点粘贴直角 45°应变花，则试定性分析三个应变值为_____。

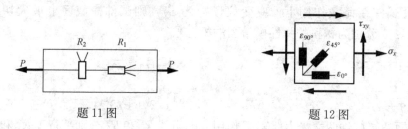

题 11 图   题 12 图

A. $\varepsilon_{0°}>0$，$\varepsilon_{45°}<0$，$\varepsilon_{90°}\approx\varepsilon_{0°}/3$ B. $\varepsilon_{0°}>0$，$\varepsilon_{45°}>0$，$\varepsilon_{90°}=0$

C. $\varepsilon_{0°}>0$，$\varepsilon_{45°}<0$，$\varepsilon_{90°}\approx-\varepsilon_{0°}/3$ D. $\varepsilon_{0°}>0$，$\varepsilon_{45°}>0$，$\varepsilon_{90°}\approx\varepsilon_{0°}/3$

13. 进行电测试验时，若将两个电阻值相等的工作片串联在同一桥臂上，设两个工作片的应变值分别为 ε_1、ε_2，则读数应变 $\varepsilon_r=$_____。

A. $\varepsilon_1+\varepsilon_2$ B. $\varepsilon_1-\varepsilon_2$ C. $\sqrt{\varepsilon_1^2+\varepsilon_2^2}$ D. $\dfrac{\varepsilon_1+\varepsilon_2}{2}$

14. 在电测法中，贴温度补偿片的材料若与被测构件材料不同，则读数应变值较实际应变值_____。

A. 偏大   B. 偏小   C. 不变   D. 不能判断

15. 在材料拉伸力学性能试验中，沿试样轴线方向对称地粘贴两枚应变片 R_a 和 R_b，并设置两枚温度补偿片 R_c 和 R_d，组成串联半桥，如题 15 图所示。采用这种测量方法可以_____。

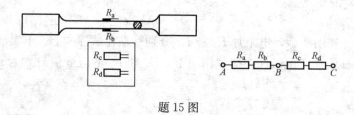

题 15 图

A. 使应变仪的读数放大 2 倍

B. 消除荷载偏心的影响，并且使应变仪的读数放大 2 倍

C. 反映荷载偏心的影响程度，并且使应变仪的读数放大 2 倍

D. 使应变仪的读数等于轴力所引起的轴向线应变

16. 电阻应变计的灵敏系数 K 是指_____。

A. 栅轴方向单位线应变所引起的敏感栅电阻值的相对变化 $\Delta R/R$

B. 温度每变化 1℃所引起的敏感栅电阻值的变化 ΔR

C. 温度每变化 1℃所引起的敏感栅电阻值的相对变化 $\Delta R/R$

D. 栅轴方向单位线应变所引起的敏感栅电阻值的变化 ΔR

17. 在试件表面应力均匀分布的区域 Ω 内粘贴两枚单轴应变计 R_1 和 R_2，栅轴相互垂直，并组成半桥测量电路，如题 17 图所示。已知材料的弹性常数 (E、μ、G)，则_____。

A. 只有当区域 Ω 处于单向应力状态且 R_1 的栅轴平行于主应力方向线时，该测量方法才能够实现温度补偿

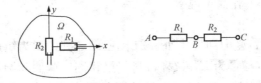

题 17 图

    B. 当区域 Ω 处于二向应力状态且 R_1 和 R_2 的栅轴分别平行于两个主应力方向线时，该测量方法能够实现温度补偿，并测出主应力

    C. 无论区域 Ω 处于什么应力状态，也不需要补充任何其他条件，该测量方法都能够实现温度补偿，并测出主应力

    D. 只要知道 x 方向和 y 方向线应变的比值 $\varepsilon_x/\varepsilon_y$，该测量方法就能够实现温度补偿

二、简答题

18. 为什么要在试样正反两面的对称位置上粘贴应变片，并进行相应的串接测量，能否只贴一面进行应变测量？

19. 为什么要进行温度补偿？

20. 温度补偿片与测量工作应变片规格一般一样，且粘贴在与工作片所粘贴的材料一样的材料上，其道理何在？

21. 不能测量试样内部的应变，是指无法将应变片埋入构件内部。现在将应变片黏在土钉上，再使土钉植入土体，与土体内部接触，因此，就可以测量土体内部的应变。此说法是否正确？

22. 什么情况下电测法应变片所测点的应变确实是构件上那一点的值？

23. 粘贴应变片时，有时需用手指直接操作，如粘后将片体展直、挤出气泡等精细动作。当手指都"难以为继"时，该怎么办？

24. 若构件的受荷载方式未知，需要测量某一点的应变，则测量电桥如何布接较为合理？

25. 电测实验中采用什么样的接桥方式测试应变值？试画出电桥的电路图，并说明每个桥臂电阻的物理意义。

26. 主应力实验中所测的 $\varepsilon_{0°}$、$\varepsilon_{45°}$、$\varepsilon_{90°}$ 的应变值是否为三个测点的值？三个值分别与什么变形有关？

27. T形截面梁，已知某横截面上有弯矩和剪力，试用电测法测出该弯矩和剪力的大小。

28. 矩形截面悬臂梁，已知某横截面上有弯矩和轴力，试用电测法测出该弯矩和轴力的大小。

29. 狭长矩形截面悬臂梁，已知某横截面上有剪力、扭矩，试用电测法测出该剪力、扭矩的大小。

30. 狭长矩形截面悬臂梁，已知某横截面上有轴力、剪力、弯矩、扭矩，试用电测法测出该轴力、剪力、弯矩、扭矩的大小。

31. 半桥双臂、全桥测试时为什么不需要温度补偿片？

32. 用应变花测量一点的主应变时，应变花是否可沿任意方向粘贴？

33. 静态应变仪标定的应变片灵敏系数比实际所用的应变片灵敏系数小时，应变仪的读数比实际应变值大还是小？作简单说明。

三、计算题

34. 一加强梁的结构、受力和尺寸如题 34 图所示。其中梁为矩形梁，横截面面积为 A，抗弯截面系数为 W，弹性模量为 E，拉杆材料与梁相同，截面为圆形，面积为 A_0。试进行理论分析。为求出 CD 段内的弯矩 M 和拉杆的拉力 F_N，试设计应变片的布置和接桥方法。

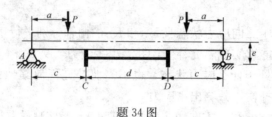

题 34 图

35. 已知薄壁圆筒壁厚 t、平均直径 D、材料的弹性模量 E 和泊松比 μ，若沿轴向和周向各贴一片应变片，应如何组桥？通过应变测量，求出圆筒所受均布内压力 p。

36. 如题 36 图所示圆柱，其承受偏心拉力 P 和扭转力偶矩 M_e。已知扭转力偶矩 M_e、圆柱直径 d、材料的弹性模量 E 和泊松比 μ，至少用几个应变片并应如何布置，才能求出拉力的大小和偏心距？

37. 题 37 图示立柱承受偏心拉伸，试利用电测法确定荷载 F 和偏心距 e。要求提供测试方案，并建立荷载 F、偏心距 e 的计算公式。已知材料的弹性模量为 E，立柱的横截面面积为 A，抗弯截面系数为 W（要求：测试方案简单，只允许采用题目中已知参数）。

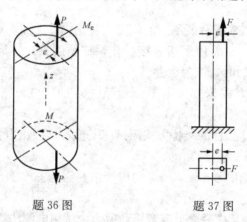

题 36 图   题 37 图

38. 如题 38 图所示结构，各杆的材料和尺寸相同、截面对称。已知弹性模量 E、惯性矩 I、抗弯截面系数 W、横截面面积 A、杆长 L，若在杆 BD 上 H 点沿杆向贴一应变片，$DH=x$，测量出应变值为 ε，试求作用在 CD 杆上 N 点处的力 F 的大小。

39. 铸铁圆柱薄壁容器受内压 p 和扭转力偶矩 m 作用，如题 39 图所示。已知壁厚 $t(t<D/20)$、平均直径 D、材料的弹性模量 E、剪切弹性模量 G、泊松比 μ，则：

（1）如何利用电测法由应变仪读数 ε 确定容器所受内压 p 的大小？

（2）若内压 p 和扭转力偶矩 m 按比例增加，直到容器破坏，试在图上标出开裂角 θ 与容器轴线 Ox 方向的大致方位，并说明开裂破坏的原因。

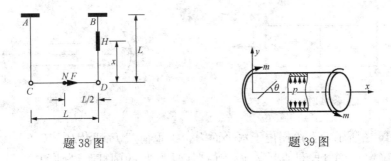

题 38 图　　　　　　　　题 39 图

40. 直角 45° 应变花如题 40 图所示。已知 E、μ、$\varepsilon_{-45°}$、$\varepsilon_{0°}$、$\varepsilon_{45°}$，试推导出主应力大小和方向的计算公式。

41. 题 41 图示薄壁圆筒同时承受内压 p 和扭转外力偶矩 M_e 的作用。已知圆筒截面的平均半径为 R，壁厚为 δ；材料的弹性模量为 E，泊松比为 μ。试用电测法测出内压 p 和扭转外力偶矩 M_e。要求提供测试方案，并分别给出 p、M_e 与应变仪读数应变 $\varepsilon_\text{仪}$ 之间的关系式（要求：测试方案简单，使用应变片少，只允许采用题目中已知参数）。

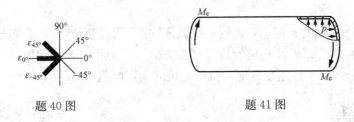

题 40 图　　　　　　　　题 41 图

42. 用四枚应变片测定图示金属板的弹性模量 E，同时消除板初弯曲的影响，试设计布片和接线方案，并在题 42 图中画出。若已知拉力 F、板横截面面积 A、读数应变 $\varepsilon_\text{仪}$，试写出弹性模量的计算式。

43. 一矩形截面杆件受一偏心拉力 P，采用电测法测定其拉力 P 及偏心距 e，其中横截面面积 A、抗弯截面系数 W、弹性模量 E 已知。

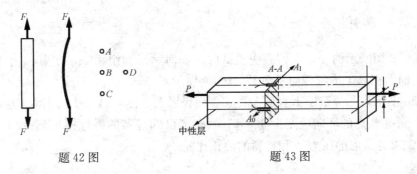

题 42 图　　　　　　　　题 43 图

44. 题 44 图示圆轴受拉扭共同作用，采用电测法测量扭转切应力和拉应力。

45. 题 45 图示一圆轴，其两端除受扭转力偶矩 M_{e1} 外，还受轴向力 F 和弯曲力偶矩 M_{e2} 的作用。欲用 4 枚应变片测出该圆轴的扭转力偶矩 M_{e1}，而排除轴向力 F 和弯曲力偶矩 M_{e2} 的影响。试设计应变片的布置方式、桥路连接图，并给出分析计算公式。已知圆轴直径 d、弹性模量 E 及泊松比 μ。

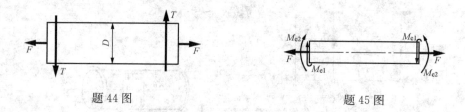

题 44 图　　　　　　　　　　　题 45 图

46. 如题 46 图所示，直角拐位于水平面内，铅垂荷载 F 可沿 BC 段移动（位置不确定），AB 段是直径为 d、弹性模量为 E 的圆杆。试利用两应变片测力 F 的大小。

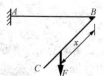

题 46 图

（1）设计布片方案，并画出桥路；

（2）写出力 F 与读数应变的关系式。

47. 如题 47 图所示，一薄壁梁段壁厚为 δ，截面中心线为 $a \times b$ 的矩形。已知该梁段承受轴力 F_N、剪力 F_s、扭矩 T 和弯矩 M。试用电测法测量这四个内力分量。要求给出布片方案，画出桥路并写出各内力分量与读数应变的关系式。尽量选用测量计算简单、精度高的方案。

48. 如题 48 图所示的悬臂梁，在同一横截面的上、下表面已粘贴有四枚相同的应变片，梁端部受力 F 的作用。试设计相应的桥路连接方式，以分别测出 F 引起的弯曲应变和压应变，并给出计算公式（不计温度效应，桥臂可接入固定电阻）。

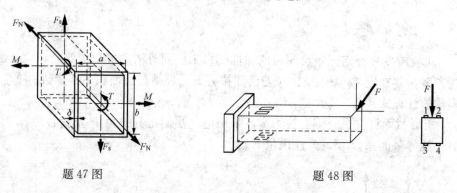

题 47 图　　　　　　　　　　　　题 48 图

49. 如题 49 图所示的一矩形偏心受拉试件，如何贴片和组桥来求出其拉力 P 和偏心距 e？已知横截面面积 A、抗弯截面系数 W 及弹性模量 E。

50. 题 50 图示为一薄壁压力容器，在其表面设置两个测点 A、B，测得 A 点的纵向应变为 1×10^{-4}，测得 B 点的环向应变为 3.5×10^{-4}。若已知容器的弹性模量 $E = 200\text{GPa}$，壁厚 $\delta = 10\text{mm}$。试求容器内的压力 p 和材料的泊松比 μ。

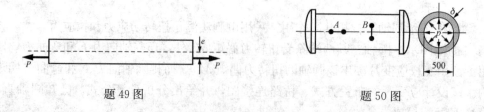

题 49 图　　　　　　　　　　　题 50 图

51. 有一粘贴在轴向受压试件上的应变片，其阻值为 120Ω，灵敏系数 $K=2.136$。问：当试件上的应变为 $-1000\mu\varepsilon$ 时，应变片阻值是多少？

52. 题 52 图示为一空心钢轴，已知转速 $n=120\text{r/min}$，材料的弹性模量 $E=200\text{GPa}$，泊松比 $\mu=0.25$，由实验测得轴表面一点 A 处与母线成 $45°$ 方向的正应变为 2×10^{-4}。试求轴所传递的功率（单位为 kW）。

53. 测点上应变花的粘贴位置如题 53 图所示。实验测出 $\varepsilon_1=240\mu\varepsilon$、$\varepsilon_2=440\mu\varepsilon$、$\varepsilon_3=-50\mu\varepsilon$，求出该点的应力状态（结构材料 $E=200\text{GPa}$，泊松比 $\mu=0.32$）。

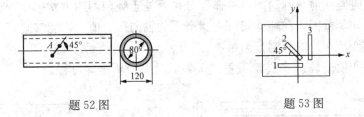

题 52 图   题 53 图

54. 一直径为 d 的复合材料试件受到冲击荷载 F 的作用，如题 54 图所示。欲用电测法求该材料的泊松比。问：（1）如何布片？（2）怎样测定并计算泊松比？

55. 直角曲拐 OAB 位于水平面（Oxy 平面）内，O 端固定，OA 段为圆截面实心轴，AB 段受到一垂直向下的移动变荷载 F 的作用。OA 段的直径 d、材料的弹性常数（E、μ、G）均为已知。试设计一个应变电测方案，要求：

（1）应变计必须布置在 OA 段的适当位置，可以使用多轴应变计（应变花），但不允许外设温度补偿片。

（2）能够测出 F 的大小和 F 在 AB 段上的作用位置（坐标 z）。

（3）画出应变计布片图和测量组桥图（应变计须布置在 OA 段的适当位置）。

（4）给出应变仪读数 ε_r 与待测数据的关系式及其分析推导过程。

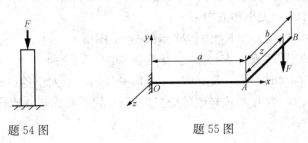

题 54 图   题 55 图

56. 野外测试组利用应变片测量动态应变，采用半桥接桥方式。已知测量电桥的工作应变片和温度补偿应变片阻值均为 120.02Ω，灵敏系数为 2.00。测试结束后需要标定时，应变仪的标定器坏了，临时找来两个电阻，一个 $100\text{k}\Omega$，另一个 $300\text{k}\Omega$。问：（1）怎样接桥才能实现标定电路？（2）此种接桥方式标定应变是多少？

57. 矩形截面悬臂梁 AD 的 CD 段受到一横向移动变荷载 F 的作用，在固定端 A 附近的截面 B 和截面 C 的上、下表面沿梁的轴线方向各贴有 1 枚应变片，如题 57 图所示。已知梁的高度 h、宽度 b、截面 B 与截面 C 的间距 a 及材料的弹性常数（E、μ、G）。试利用给定的 4 枚应变片 R_a、R_b、R_c 和 R_d 设计一个测量方案，要求：

（1）能够测定 F 的大小、方向、作用位置（坐标 x）以及自由端 D 的挠度 y_D。

（2）给出应变仪读数 $\varepsilon_仪$ 与待测数据的关系式及其分析推导过程，并画出组桥图。

（3）对测量方法的灵敏度及精度作简要分析或说明（提示：利用应变仪读数 $\varepsilon_仪$ 与 F、x、a 等相关参数的关系）。

58. 题 58 图示薄壁圆筒受到轴向压力 F 和内压 p 的作用，当 p 保持恒定而 F 达到某一特定值时，该薄壁圆筒可以实现纯剪切。薄壁圆筒的直径 D、壁厚 δ、材料的弹性常数（E、μ、G）均为已知。试设计一个应变电测方案，要求：

（1）能够实时监测薄壁圆筒的圆柱体部分是否处于纯剪切应力状态。

（2）如果已知薄壁圆筒在纯剪切应力状态下的轴向压力值 F，能够确定内压值 p。

（3）画出应变计布片图和测量组桥图。

（4）给出应变仪读数 $\varepsilon_仪$ 与待测数据的关系式及其分析推导过程。

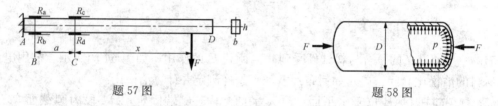

题 57 图　　　　　　　　　　　　　　　题 58 图

59. 边长为 $2a$ 的方形立柱，一侧开一深为 a 的槽，在上端部受一均布线荷载，其合力大小 P 未知，该荷载离中心线有一偏心距 e，如题 59 图所示。立柱在开槽部位左右面中线沿轴向各粘贴一枚应变片，已知材料的弹性常数 E、μ，还有温度补偿片若干，试通过应变片的布置和合理设计接桥方法，写出几种方案下应变仪读数 $\varepsilon_仪$ 与合力 P 及偏心距 e 的关系式。

60. 已知某悬臂刚架，其材料弹性模量为 E，杆长为 l，截面高度为 h，宽度为 b。在杆的中点位置沿轴向粘贴 4 个应变片，且不设温度补偿片，如题 60 图所示。现保证材料在线弹性范围内在自由端施加一大小、方向未知的力 P（力可以重复加载），问：应如何组桥通过应变仪读数 $\varepsilon_仪$ 求出 P 的大小和方向 α。

61. 改进的悬臂梁式弹性元件测力传感器如题 61 图所示。已知：材料的弹性模量为 E，抗弯截面系数为 W，应变片 R_1、R_3 距悬臂梁自由端的距离分别为 d_1、d_3。试问：

（1）当力 F 向左移动时，R_1、R_2、R_3、R_4 应变片的数值大小各自如何变化？

（2）通过合理组桥，给出力 F 与读数应变之间 $\varepsilon_仪$ 的关系式，并给出力 F 与电桥输出电压 U_o 的关系式。

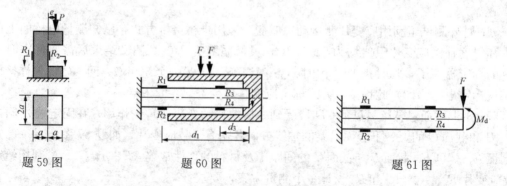

题 59 图　　　　　　　　题 60 图　　　　　　　　题 61 图

62. 叠梁 1 为铝梁，叠梁 2 为钢梁，截面尺寸 $h=20\text{mm}$，$b=30\text{mm}$，$c=150\text{mm}$。在梁跨中截面位置处，沿叠梁轴线方向从上至下对称粘贴 8 个应变片，3 号片和 6 号片在各叠梁的中心位置，如题 62 图（a）所示。已知：铝梁和钢梁的弹性模量分别为 $E_1=72\text{GPa}$、$E_2=210\text{GPa}$。

（1）用材料力学知识推导该叠梁的正应力计算公式，并计算出当 $P=1\text{kN}$ 时沿梁横截面高度的正应力分布的理论值。如采用 1/4 桥且使用公共补偿，试根据理论公式推测各个应变片应变读数的大小排序。测试结果如与理论值不相符合，试分析产生误差的原因。

（2）若此叠梁改装为楔块梁（在距梁端部位将钢制楔块压入上下梁的切槽内），如题 62 图（b）所示。试画出沿梁跨中截面正应力大致的分布规律图。

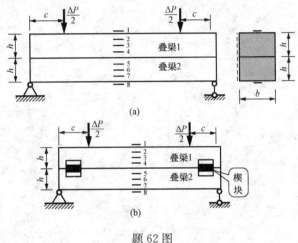

题 62 图

选 择 题 参 考 答 案

1. B   2. C   3. A   4. C   5. B   6. D   7. B   8. C   9. A   10. D
11. C   12. C   13. D   14. D   15. D   16. A   17. D

参 考 文 献

［1］孙训方．材料力学．5 版．北京：高等教育出版社，2013.

［2］范钦珊．材料力学．2 版．北京：高等教育出版社，2005.

［3］单祖辉，谢传锋．工程力学（静力学与材料力学）．北京：高等教育出版社，2004.

［4］刘鸿文，吕荣坤．材料力学实验．3 版．北京：高等教育出版社，2006.

［5］陈锋，段自力，王文安．材料力学实验．武汉：华中科技大学出版社，2006.

［6］付朝华．材料力学实验．北京：清华大学出版社，2010.